FOUNDERS HEROES

Gründen ist deine Heldenreise

Tristan Niewöhner

Über den Autor

Tristan Niewöhner ist von klein auf vom Unternehmertum fasziniert. Inspiriert durch seinen Großvater, den Gründer des Landmaschinenherstellers Wühlmaus, beschäftigt er sich mit Unternehmensgründungen aus allen möglichen Perspektiven. Nach seinem Studium in Paderborn, Peking und Normal (Illinois) hat er selbst mehrere Startups gegründet. Außerdem war er für TecUP (Universität Paderborn) und die Founders Foundation (Bertelsmann Stiftung) in der Gründungsförderung tätig. Er ist Mitorganisator der Fuckup Nights OWL, bei denen Gründer ganz offen von gescheiterten Projekten berichten. Aktuell ist er Gründer und Geschäftsführer der persomatch GmbH.

1. Auflage 2020

Cover, Layout: Marco Zahradnik

ISBN 978-3-00-067033-6
www.founders-heroes.de

Vorwort

Unternehmensgründungen faszinieren mich, solange ich denken kann. Darum habe ich mich aus vielen verschiedenen Perspektiven damit beschäftigt. Ich habe viel über das Gründen gelesen: theoretische Konzepte, aktuelle Startup-News und Biografien berühmter Gründer. Zahllose Veranstaltungen zum Thema Gründung habe ich besucht und auch selbst organisiert. Ich habe mehrere Unternehmen gegründet und auch andere Gründer bei ihren Startup Gründungen beraten und gecoacht.

Das Ganze ist für mich viel mehr als nur eine Arbeit, es bedeutet für mich eine große Erfüllung und ich freue mich über jeden Tag, an dem ich mich mit Unternehmensgründungen beschäftigen kann.

Ob ich damit finanziellen Erfolg erreiche oder die Anerkennung anderer bekomme, ist nicht entscheidend. Mein persönlicher Maßstab für Erfolg ist die Begeisterung für die Arbeit. Daran gemessen, halte ich mich für erfolgreich, denn ich kann täglich an etwas arbeiten, das mich begeistert.

Ich habe die Erfahrung gemacht, dass leider nicht sehr viele Menschen dies von sich behaupten können. Das finde ich sehr schade. Man verbringt sehr viel Zeit in seinem Leben mit der Arbeit und viele empfinden sie als lästige Notwendigkeit, einfach um Geld zu verdienen.

Schöner wäre es doch, wenn man jeden Morgen begeistert zur Arbeit ginge, voller Freude und Neugierde.

Mit all denjenigen, die diesen Job noch nicht gefunden haben, möchte ich meine Begeisterung teilen und sie inspirieren, sich mit Unternehmensgründungen zu beschäftigen. Ich behaupte nicht, dass jeder Gründer werden muss. Aber jeder sollte sich zumindest einmal damit beschäftigt haben, denn ich bin davon überzeugt, dass es für deutlich mehr Menschen der richtige Weg wäre als nur für diejenigen, die ihn heutzutage tatsächlich einschlagen.

Genauso spreche ich diejenigen an, die bereits Gründer sind, ganz gleich auf welcher Station ihrer Reise sie sich gerade befinden. Manchmal, gerade in anstrengenden Phasen der Gründung, ist man sehr im Stress und funktioniert wie auf Autopilot. Dann macht es manchmal Sinn, einen Schritt zurückzutreten. Auch als erfolgreicher Gründer ist es wichtig, das eigene Handeln in einem großen Kontext zu sehen und zu verstehen, warum man das Ganze eigentlich macht.

Gerade weil zur Zeit der Anteil weiblicher Gründer noch sehr niedrig ist, möchte ich besonders weibliche Gründungsinteressierte und Gründerinnen ansprechen und sie inspirieren, sich mit dem Thema Gründung zu beschäftigen. Es gibt schon viele Beispiele erfolgreicher

Gründerinnen in allen Bereichen, aber ich wünsche mir, dass es in Zukunft noch mehr geben wird! Allein aus Gründen der besseren Lesbarkeit habe ich auf die gleichzeitige Verwendung männlicher und weiblicher Sprachformen verzichtet. Sämtliche Bezeichnungen gelten immer ausdrücklich für alle Geschlechter.

Auch wenn Startups in den letzten Jahren einen regelrechten Hype erleben, möchte ich dazu anregen, Unternehmensgründungen einmal aus einer anderen, größeren Perspektive zu betrachten.

Ich halte sie für so wichtig, dass man sie nicht nur als vorübergehenden Trend, eine kurzfristige Mode, auffassen sollte, sondern vielmehr als eine Möglichkeit, Erfüllung zu finden.

Inhaltsverzeichnis

1. Gründe fürs Gründen

Ein Unternehmen zu gründen ist nicht einfach. Jede Phase der Gründung konfrontiert die Gründer mit immer neuen Herausforderungen. Zunächst muss man ein Problem identifizieren, das man adressieren will. Für dieses Problem muss man eine Lösung finden, die auf irgendeine Art besser ist als die bisherigen. Dann muss man aus dieser Lösung ein marktfähiges Produkt entwickeln und es erfolgreich vertreiben. Im Idealfall läuft der Verkauf dann so gut, dass man zur Bewältigung der Nachfrage eine Organisation aufbauen muss. Dazu muss man das geeignete Personal finden und es richtig führen. Je größer das Unternehmen wird, umso weiter entfernen sich die Gründer vom Tagesgeschäft und richten ihren Fokus auf die Verwaltung, damit das Unternehmen weiter wachsen kann und dabei die Arbeitsabläufe effizient bleiben.

Die Herausforderungen sind so vielschichtig, dass man sich sein ganzes Leben damit beschäftigen könnte herauszufinden, wie man ein erfolgreiches Unternehmen gründet. Es gibt dazu auch eine unüberschaubare Vielfalt an Literatur und Inhalten im Internet. Jeder noch so kleine Aspekt der Unternehmensgründung wird beleuchtet und es werden Handlungsempfehlungen gegeben, zum Teil anhand persönlicher Erfahrungen erfolgreicher Gründer oder basierend auf wissenschaftlichen Erkenntnissen.

Es ist sicherlich sehr hilfreich, sich mit derartigem Material zu beschäftigen, wenn man mit dem Gedanken spielt, ein Unternehmen zu gründen oder sogar gerade dabei ist.

Viel wichtiger als das wie ist aber das warum! Man sollte sich intensiv mit der Frage beschäftigen, warum man überhaupt ein Unternehmen gründen möchte. Denn wenn man von dem, was man tut, überzeugt ist und dafür brennt, dann findet man den richtigen Weg, um sein Ziel zu erreichen. Man eignet sich all das Wissen und all die Fähigkeiten an, die notwendig sind, und probiert mutig solange aus, bis man sein Ziel erreicht hat. Technologien, rechtliche Rahmenbedingungen und auch die Präferenzen der Kunden ändern sich im Zeitverlauf zum Teil sehr rapide. Bevor man sich mit diesen Details auseinandersetzt, sollte man den Blick zunächst einmal auf sich selbst richten, um sich über die eigene Motivation klar zu werden.

Was fasziniert mich daran, ein Unternehmen zu gründen? Es gibt sehr viele denkbare Motivationen fürs Gründen, einige davon sollen hier vorgestellt werden.

Das schnelle Geld

Geld übt auf viele Menschen eine große Anziehungskraft aus. Dementsprechend suchen sie nach Wegen, um möglichst schnell viel Geld zu verdienen, um sich alles kaufen zu können, was sie möchten, und möglichst früh nicht mehr arbeiten zu müssen. Manche sehen in Startups die Chance auf schnellen Reichtum. Einige Gründer streben einen möglichst schnellen „Exit", also den Verkauf ihres Unternehmens, an, um im Idealfall auf einen Schlag mehr Geld zu verdienen, als sie sonst in ihrem ganzen Arbeitsleben bei Weitem nicht hätten erwirtschaften können.

Die Bewertung mancher Startups beträgt schon zum Zeitpunkt der Gründung viele Millionen US-Dollar und kann innerhalb weniger Jahre die Milliarden-Marke durchbrechen, wodurch es zu einem sogenannten Unicorn (Einhorn), also zu einem Startup mit einer Bewertung von über 1 Milliarde US-Dollar wird. So hat die Startup-Szene schon viele Jung-Millionäre und sogar Milliardäre hervorgebracht.

Auch wenn es zahlenmäßig natürlich nur ein sehr geringer Anteil der Gründer ist, so gibt es sie tatsächlich, diejenigen, die schon in jungen Jahren so viel Geld verdient haben, dass sie theoretisch nie wieder arbeiten müssten.

Die beiden Software-Entwickler Kevin Systrom und Mike Krieger gründeten im Jahr 2010 den mittlerweile weltweit bekannten Online-Foto-Dienst Instagram. Nicht einmal 2 Jahre nach der Gründung, mit 12 Mitarbeitern und ohne Ertragsmodell, kaufte der Internet-Konzern Facebook das Unternehmen für eine Milliarde US-Dollar. Der Facebook Gründer selbst, Mark Zuckerberg, war bereits vor seinem 30. Lebensjahr Multimilliardär.

Die in der deutschen Startup-Szene sehr bekannten Samwer-Brüder gründeten 1999 das Online-Auktionshaus Alando und konnten es etwa 100 Tage nach dem Start für ca. 50 Millionen US-Dollar an eBay verkaufen. Damit legten sie den Grundstein für viele weitere Gründungen.

Man kann also festhalten, dass es möglich ist, als Startup-Gründer schnell reich zu werden. Wie gut die Chancen dafür stehen, hängt natürlich von sehr vielen Faktoren ab, die man nicht alle unbedingt selbst beeinflussen kann. Zumindest zeigen die vielen Beispiele, dass es tatsächlich möglich ist.

Innovationsbedarf

Wir leben in einer Zeit, die vom rasanten technischen Fortschritt geprägt ist. Durch die Entwicklung der Computer-Technologie und des Internet in den letzten

Jahrzehnten verändern sich viele Geschäftsmodelle, neue entstehen, alte werden überflüssig. Viele etablierte Industrien sind gezwungen, sich zu wandeln. Bekannte Beispiele sind etwa die Musik-Industrie, die kaum noch Tonträger verkauft, der Einzelhandel, der sich vom E-Commerce bedroht sieht, oder die Tageszeitungen, die vielfach durch Online-Nachrichten ersetzt werden.

Der Harvard-Professor Clayton M. Christensen führte dafür den Begriff der „Disruptiven Innovation“ ein. Das bedeutet, dass neue innovative Technologien die alten etablierten verdrängen. Zu Beginn sind diese neuen Technologien häufig noch den etablierten Lösungen unterlegen, aber sukzessive können sie ihre Stärken ausspielen, ihren Marktanteil steigern und die alte Technologie komplett verdrängen. Ein typisches Beispiel ist die Digitalfotografie, die anfangs aufgrund der schlechten Bildqualität keine Alternative zur klassischen Fotografie darstellte. Mit steigender Qualität hat die Digitalfotografie die klassische aber fast vollständig vom Markt verdrängt.

Häufig sind es Startup-Unternehmen, die eine solche Disruption etablierter Märkte auslösen und auch in hohem Maße davon profitieren. So hat der Wandel vom stationären Handel hin zum Online-Shopping den Gründer des Versandhandels Amazon, Jeff Bezos, zu einem der reichsten Menschen der Welt gemacht und viele Tausend Arbeitsplätze in seinem Unternehmen geschaffen. Startups können für Innovationen und Wohlstand sorgen.

Insofern sind Unternehmensgründungen auch volkswirtschaftlich erwünscht. Innovationen sind existenziell für eine Volkswirtschaft. Mit innovativen Produkten und Dienstleistungen kann man nachhaltig wirtschaftlich erfolgreich sein. Wenn ein Land tendenziell eher über alte Unternehmen und Technologien verfügt, die die Opfer der digitalen Disruption sind oder bald werden, dann kann dies langfristig Arbeitsplätze gefährden und die ganze Volkswirtschaft schwächen.

Daher wird, insbesondere in den letzten Jahren, immer mehr von staatlicher Seite unternommen, um Startup-Gründungen zu fördern. Es werden Einrichtungen für Gründer geschaffen, Förderprogramme aufgelegt und auch in Schulen und Universitäten wird darauf hingewirkt, dass innovative Startups gegründet werden. Insofern ist eine Steigerung der Zahl von innovativen Unternehmensgründungen im eigenen Land staatlich erwünscht.

Auch etablierte Unternehmen und Konzerne selbst erkennen die Gefahr, die von der Disruption für ihre bestehenden Geschäftsmodelle ausgehen kann. Um dem entgegenzuwirken, versuchen auch sie, sich die

Startups zunutze zu machen. Zum einen kaufen Konzerne gezielt Startup-Unternehmen auf oder beteiligen sich an ihnen, um sich Zugang zu potenziell interessanter Technologie zu sichern. Ein Beispiel sind etwa die Unternehmen der Automobil-Industrie, die immer wieder Startups kaufen, um ihre Autos mit besserer digitaler Technologie ausstatten zu können oder den gesamten Mobilitätsservice um das Fahrzeug herum moderner zu gestalten. Für die Startup-Gründer kann dies unter Umständen eine Chance für einen lukrativen Exit sein.

Zum anderen gründen Konzerne zum Teil rechtlich und örtlich getrennte Einheiten aus, sogenannte „Corporate Startups“, von denen sie Innovationen erwarten. In diesen, oft mit viel Startkapital ausgestatteten, Einheiten wird bewusst eine startup-artige Kultur und Atmosphäre geschaffen, die Innovationen fördern soll, die dann wiederum dem Mutterkonzern zugutekommen. Teilweise werden diese Corporate Startups mit einem festen Ziel gegründet, also z.B. eine ganz bestimmte technologische Innovation hervorzubringen, die dann von dem Mutterkonzern in einem Produkt eingesetzt werden kann. Manchmal schließen sich auch viele Konzerne zusammen, um Startups bei der Gründung zu unterstützen, die relevante Innovationen erarbeiten sollen. So haben beispielsweise unter anderem einige Automobil-Konzerne das Projekt „Startup Autobahn“ ins Leben gerufen, in dem Startups gefördert und unterstützt werden. Die Deutsche Bahn betreibt das Programm „Mindbox“, in dem ausdrücklich Startups gefördert werden, die Produkte und Dienstleistungen entwickeln, die für die Bahn relevant sein können.

Startups sind eine Quelle von Innovationen und technischem Fortschritt, so dass ihre Gründung von vielen Seiten gewünscht und gefördert wird.

Kein Arbeitnehmer mehr sein wollen

Für manche ist die Entscheidung, ein eigenes Startup zu gründen, nicht unbedingt eine Entscheidung für eine Unternehmensgründung, sondern eher eine Entscheidung gegen das Angestelltendasein. Ein nicht unerheblicher Anteil der Arbeitnehmer scheint aus verschiedenen Gründen nicht zufrieden zu sein. Auch wenn man vielleicht als junger Mensch motiviert ins Berufsleben gestartet ist, stellt sich bei manchen nach einigen Jahren eine gewisse Resignation ein. Man ärgert sich über Vorgesetzte, die Kollegen oder empfindet seine Arbeit als nicht erfüllend und abwechslungsreich. Die Gründung eines eigenen Unternehmens erscheint da als ein möglicher Ausweg aus der Misere, um „sein eigener Chef“ zu werden und einer sinnerfüllten Tätigkeit nachzugehen.

Man stellt sich das Unternehmerdasein unter Umständen sehr rosig vor, glaubt, man habe sofort viele Freiheiten und wenige Verpflichtungen und der wirtschaftliche Erfolg stelle sich schnell ein.

Startup Hype

Unternehmensgründungen gibt es seit Jahrhunderten und sie sind spätestens seit der aufkommenden Industrialisierung für viele Menschen wahrnehmbar, also eigentlich nichts Neues. Aber besonders in den letzten Jahren sind Startups und ihre Gründer immer stärker in den öffentlichen Fokus gerückt.

Es ist schon ein regelrechter, manchmal sogar übertriebener, Hype um Startups entstanden. Während der Begriff „Startup" früher nur Experten und Branchenkennern geläufig war, sieht man ihn heute auch in zahllosen Mainstream-Medien. Dazu tragen unter anderem auch Fernsehshows, wie z.B. „Die Höhle der Löwen" erheblich bei.

Es wird von vielen als „cool" wahrgenommen, ein Startup-Unternehmen zu gründen. Die Startup-Kultur ist locker und wird als Gegensatz zur steifen Etikette etablierter Konzerne empfunden. Es gibt keine strikten Kleidervorschriften oder strenge Hierarchien. Man kommuniziert im Team sehr direkt und ungezwungen miteinander. Sogar ein typischer Startup-Einrichtungsstil für Büros hat sich herausgebildet.

Viele empfinden diese Kultur als attraktiv und lassen sich von dem Startup Hype mitreißen. Auch die Ausbildungsgänge im Business-Bereich greifen diesen Trend auf. Während früher die eigene Unternehmensgründung dort eher eine Randerscheinung und das Ziel eher eine Tätigkeit im Management, Consulting oder Investment-Banking war, ist die Startup-Gründung als mögliche Karriere-Option zunehmend in den Fokus gerückt. Viele Elite-Business-Schools verschreiben sich zunehmend dem Thema, richten Unterrichtsinhalte darauf aus und schaffen Möglichkeiten zum Netzwerken mit Persönlichkeiten aus der Startup-Szene. Manche Absolventen sehen darin unter Umständen Karriere-Chancen für ihren weiteren Werdegang.

Mit diesem Hype, der die Startup-Szene umgibt, ist auch eine gewisse Anerkennung verbunden. Erfolgreiche Gründer sind „Stars“, wie z.B. Sportler, Sänger oder Schauspieler. Sie sind zum Teil globale Berühmtheiten und bekommen große Anerkennung. Dieser Ruhm übt sicherlich auf viele eine große Anziehungskraft aus und kann ebenfalls zu einer Unternehmensgründung motivieren. Diese Gründe sind durchaus nachvollziehbar und man könnte die Liste der Gründe fürs Gründen auch noch beliebig weiterführen. Doch während viele dieser Gründe recht oberflächlich erscheinen, gibt es darüber hinaus noch eine tiefgründigere Motivation.

2. Heldenreise nach Joseph Campbell

Um die Motivation zum Gründen besser zu verstehen, richten wir unseren Blick in die Vergangenheit, nämlich in die Welt der Mythen. Der Amerikaner Joseph Campbell (1904-1987) war ein Pionier der Mythologie-Forschung. Er widmete sein ganzes Leben der Erforschung und Analyse von Mythen aus allen Teilen der Welt. Er studierte religiöse Schriften, Mythen, Legenden, Sagen und auch klassische Literatur. Dabei machte er die Feststellung, dass alle diese Geschichten im Wesentlichen einem immer gleichen Muster folgen. Das Faszinierende daran ist, dass dieses Muster auf der ganzen Welt, in allen Kulturen und zu allen Zeiten immer gleich zu sein scheint. Daraus entwickelte er die Idee eines universellen und allen Mythen zugrundeliegenden sog. „Monomythos".

Er fasste seine Erkenntnisse im Jahr 1949 in seinem Buch „The Hero with a Thousand Faces" zusammen. Im Zentrum aller Geschichten steht immer der Held, der ein Abenteuer erlebt oder präziser, eine Reise, die sog. Heldenreise, unternimmt. Diese Heldenreise findet in zwei Dimensionen statt. Zum einen wird beschrieben, was im Äußeren geschieht, also z.B. was der Held erlebt und tut, wer ihm begegnet. Zum anderen und das ist wahrscheinlich der noch wichtigere Aspekt, durchläuft der Held eine persönliche Entwicklung, ausgelöst durch die Ereignisse im Äußeren.

Campbell unterscheidet in seiner Beschreibung der Heldenreise viele einzelne Stationen, die nicht zwangsläufig alle in jedem einzelnen Mythos genauso vorkommen müssen. Andere Wissenschaftler, die auf der Grundlage von Campbells Arbeiten geforscht haben, unterscheiden zum Teil weniger einzelne Stationen. Aufgrund der hohen Komplexität soll die Heldenreise hier auf einige wesentliche Aspekte reduziert dargestellt werden.

Die normale Welt

Der Held ist ein normaler Mensch und lebt ein normales, sicheres Leben in einer normalen Welt. Diese normale Welt wird in Mythen häufig als ein Dorf oder eine Gemeinschaft dargestellt. An dem Helden ist noch nichts Besonderes erkennbar und nichts unterscheidet ihn von den anderen Dorfbewohnern.

Der Ruf zum Abenteuer

Der Held bekommt vor seiner Reise einen Ruf, eine Aufforderung, sich auf den Weg in das Unbekannte zu machen. Dieses Unbekannte ist oft ein mystischer, rätselhafter und auch furchteinflößender Ort, wie z.B. der dunkle Wald, der Ozean, die Unterwelt oder ähnliches.

Weigerung dem Ruf zu folgen

Wenn der Held zur Reise ins Unbekannte aufbricht und dem Ruf folgt, muss er dafür die Sicherheit der normalen altbekannten Welt aufgeben. Der Held sträubt sich zunächst davor, zur Heldenreise aufzubrechen. In den Mythen kann dies als Angst, Unsicherheit oder als Gefühl, dem Abenteuer nicht gewachsen zu sein, dargestellt werden.

Begegnung mit dem Mentor

Wenn der Held seine anfängliche Weigerung überwunden hat und sich tatsächlich auf den Weg macht, begegnet ihm ein Unterstützer, ein Mentor. Häufig hilft der Mentor dem Helden mit magischen Gegenständen, wie z.B. einem Schwert oder einem Hinweis. Der Held wird also für sein Vertrauen darauf, dass der Aufbruch zur Heldenreise richtig ist, belohnt, indem er Unterstützung erhält.

Der Weg der Prüfungen

Im zuvor Unbekannten angelangt, muss sich der Held einer Vielzahl von Prüfungen stellen. Das kann z.B.

der Kampf mit Monstern oder das Überwinden großer Hindernisse sein. Häufig gibt es in den Mythen auch eine Aufeinanderfolge immer schwieriger werdender Prüfungen.

Tod

Am Ende der Reihe der Prüfungen stellt sich der Held der schwierigsten und ultimativen Prüfung, sozusagen dem Endgegner. Diese Prüfung stellt ihn vor eine enorme Herausforderung, bringt den Helden an den Rand des Scheiterns seiner Heldenreise, es kann sogar sein, dass der Held dabei stirbt.

Wiedergeburt

Der Tod ist aber nicht endgültig. Aus seiner dunkelsten Stunde geht der Held gestärkt hervor. Er wird als neuer Mensch wiedergeboren und verfügt über eine neue Stärke, mit der er die Herausforderung jetzt meistern kann. Er wächst über sein altes Ich hinaus und realisiert oft, dass er alle Fähigkeiten, die er brauchte, um die Heldenreise zu meistern, schon immer in sich trug.

Segen

Durch das Meistern der Aufgabe erhält der Held eine wertvolle Belohnung. Häufig handelt es sich dabei um ein

Elixier oder einen magischen Gegenstand, wie z.B. den heiligen Gral.

Rückkehr

Zum Schluss kehrt der Held in seine normale Welt zurück, von der aus die Heldenreise begonnen hat. Er kehrt als ein neues Ich zurück, das durch das Bestehen der Heldenreise gewachsen bzw. erwachsen geworden ist. Der Segen, den er erhalten hat, kommt der Gemeinschaft zugute und bereichert deren Leben.

Dieses Muster beschreibt den sogenannten Monomythos.

3. Die Tragweite der Heldenreise

Es stellt sich die Frage, welche Bedeutung die Analyse uralter Mythen für unser Leben in der Gegenwart und für die Gestaltung unserer Zukunft hat und warum die Idee der Heldenreise so groß ist.

Es ist ungeheuer faszinierend festzustellen, dass auf der ganzen Welt, in allen Kulturen und seit Jahrtausenden völlig unabhängig voneinander unzählige Geschichten entstanden sind, die ein ähnliches Muster aufweisen, von der griechischen Mythologie der Antike, über stammesgeschichtliche Überlieferungen von Urvölkern sogar bis hin zu religiösen Texten. Zur damaligen Zeit fand noch anders als heute so gut wie kein Austausch zwischen den Völkern und Stämmen auf der Welt statt. Trotzdem kamen sie aber in ihren Überlieferungen und Mythen zu einer ähnlichen Struktur. Wie ist das möglich? Es liegt nahe, dass die Struktur des Monomythos ein tiefes und urmenschliches Bedürfnis ausdrückt, das unabhängig davon ist, in welcher Umgebung und zu welcher Zeit ein Mensch sozialisiert wurde.

Dieser Aspekt der Idee der Heldenreise ist sehr kraftvoll, da er zum Ausdruck bringt, dass alle Menschen auf der ganzen Welt zu allen Zeiten trotz aller Unterschiedlichkeit doch gemeinsame Werte und Ideale haben.

Die Heldenreise betrifft alle Menschen gleichermaßen und vereint sie.

Ein klassisches Beispiel für eine Heldenreise ist der berühmte Mythos von Odysseus aus der griechischen Antike.

→ **Die normale Welt**
Odysseus ist der König von Ithaka und lebt mit seiner Frau Penelope und seinem Sohn Telemachos ein normales Leben.

→ **Der Ruf zum Abenteuer**
Es beginnt der Trojanische Krieg. Agamemnon und Menelaos wollen Odysseus zur Teilnahme an dem Krieg überreden.

→ **Weigerung dem Ruf zu folgen**
Odysseus möchte seine Familie nicht verlassen und gibt vor, verrückt zu sein, wobei die Täuschung letztendlich aufgedeckt werden kann.

→ **Begegnung mit dem Mentor**
Odysseus wird bei seinem ganzen Abenteuer von der Göttin Athene beschützt und unterstützt.

→ **Der Weg der Prüfungen**

Nach dem gewonnenen Krieg in Troja begibt sich Odysseus auf die Heimfahrt über das Meer, bei der er viele Abenteuer erlebt und Herausforderungen meistern muss.

→ **Tod**

Odysseus steigt in das Totenreich, die Unterwelt herab, um den blinden Seher Teiresias zu treffen, der ihm wichtige Hinweise für seine Heimreise gibt.

→ **Segen**

Letztendlich bringen ihn die Phaiaken wieder zurück nach Ithaka.

→ **Rückkehr**

Er ist wieder zurück und muss sich noch mit einer List sein altes Leben zurückholen, was ihm auch gelingt.

Irgendetwas an den Geschichten der Helden und ihrer Reisen zieht uns magisch an und das schon seit Jahrtausenden. Das führt auch dazu, dass das Muster des Monomythos ganz bewusst für die Drehbücher von

Hollywood-Filmen verwendet wird. Der amerikanische Drehbuchautor Christopher Vogler hat dazu, wie man die Heldenreise zum Verfassen faszinierender Geschichten und Drehbücher verwenden kann, umfassende Anleitungen geschrieben. Ein gutes Beispiel dafür ist der Welterfolg der Star Wars Filme. Der Erfinder und Regisseur von Star Wars, George Lucas, der Joseph Campbell sogar persönlich kannte, hat sich intensiv mit dessen Arbeiten beschäftigt und diese Ideen in seinem Werk zum Ausdruck gebracht, hier am Beispiel verdeutlicht:

→ **Die normale Welt**
Luke Skywalker lebt als normaler Bauernjunge auf Tatooine.

→ **Der Ruf zum Abenteuer**
Obi-Wan Kenobi kommt zu Luke Skywalker und spielt ihm über R2-D2 die Nachricht von Prinzessin Leia vor, in der sie um Hilfe bittet.

→ **Weigerung dem Ruf zu folgen**
Luke weigert sich zunächst, dem Ruf zu folgen, da er seine Tante und seinen Onkel nicht allein zurücklassen möchte.

→ **Begegnung mit dem Mentor**
Obi-Wan Kenobi wird sein Mentor und unterrichtet ihn im Umgang mit der Macht und dem Lichtschwert.

→ **Der Weg der Prüfungen**
Auf der Reise durch den Weltraum müssen sich die Protagonisten vielen Herausforderungen und Prüfungen stellen.

→ **Tod**
Obi-Wan wird von Darth Vader getötet und Luke ist auf sich allein gestellt.

→ **Wiedergeburt**
Luke muss seine Jedi-Ausbildung allein fortsetzen und schafft es, selbst ein großer Jedi zu werden.

→ **Segen**
Durch die erbeuteten Pläne des Todessterns kann eine Schwachstelle gefunden werden, die es ermöglicht, ihn zu zerstören.

→ **Rückkehr**
Luke und Han kehren zur Rebellenbasis zurück und werden feierlich empfangen, der Frieden im Universum ist hergestellt.

In sehr vielen erfolgreichen Filmen und Geschichten findet sich der Monomythos wieder, manchmal vollständig, aber zumindest in Teilen. Die Heldenreise ist allerdings noch viel mehr als lediglich eine Blaupause für spannende Geschichten.

Es ist sehr interessant, dass der Held nicht von vornherein über übermenschliche Superkräfte verfügt und das Abenteuer kein Kinderspiel für ihn ist. Vor Antritt der Heldenreise wirken die Herausforderungen, die im Unbekannten auf ihn warten, sogar völlig unlösbar. Sobald er einmal den Mut gefasst hat, seine Reise anzutreten, wächst er mit seinen Aufgaben und erfährt Unterstützung. Die vielen Prüfungen sind sehr herausfordernd, aber er kann sie bewältigen. Auch wenn er dem Untergang ganz nah ist, gelingt es ihm doch, gestärkt daraus hervorzugehen. Schließlich realisiert er, dass er die Fähigkeiten, die er braucht, um die Heldenreise zu meistern, die ganze Zeit in sich getragen hat. Der eigentliche Kern der Heldenreise ist nicht das, was an der Oberfläche passiert. Die Drachen, gegen die gekämpft wird, die dunklen Wälder, die erkundet werden und die magischen Elixiere, die gefunden werden, sind nur metaphorisch zu verstehen. Im Kern dreht sich die Heldenreise um die persönliche Entwicklung des Helden.

4. Psychologische Bedeutung der Heldenreise

Die Heldenreise und der Monomythos sind nicht nur einfach ein Bauplan für amüsante Geschichten, sondern viel mehr als das.

In den Mythen und Geschichten spiegelt sich unsere eigene Entwicklung als Mensch wider. Die Heldenreise ist Ausdruck tiefer unterbewusster menschlicher Bedürfnisse, wie es auch schon Joseph Campbell erkannte, der die Heldenreise in Verbindung mit der Psychoanalyse Carl G. Jungs brachte.

Der Schweizer Psychiater Carl Gustav Jung gilt als Begründer der analytischen Psychologie. Er prägte den Begriff des sog. Archetyps. Das Konzept beschreibt universelle und unbewusste Wirkungsfaktoren für das menschliche Verhalten. Die Archetypen sind unterbewusste Grundmuster, die sich in konkretem Verhalten äußern. Diese Archetypen sind im Menschen verankert und über alle Kulturkreise gleich, z.B. betreffen sie Erfahrungen, die alle Menschen auf der ganzen Welt gleichermaßen machen, wie z.B. Geburt, Kindheit, Pubertät, Erwachsensein, Tod, etc. In Träumen führt dies zu ähnlichen Vorstellungen und Bildern. Für Joseph Campbell sind Träume und Mythen eng miteinander verknüpft und in beiden kommen ähnliche tief im menschlichen Unterbewusstsein verwurzelte Wünsche und Grundmuster zum Ausdruck.

Alle Menschen, unabhängig davon zu welcher Zeit oder in welchem Kulturkreis sie gelebt haben, werden geboren, erleben ihre Kindheit und werden dann erwachsen. Diese Grundmuster einen die gesamte Menschheit. Die Heldenreise kann also auch als Muster des Lebens und des Heranwachsens allgemein aufgefasst werden. In vielen Kulturen werden die Mythen auch mit der Initiation, also der Aufnahme in den Kreis der Erwachsenen, verbunden.

Als junger Mensch ist man Teil einer normalen Welt, der Familie oder des Stammes. Wenn man ein bestimmtes Alter erreicht hat, müssen die heranwachsenden Mitglieder der Gemeinschaft ein Initiationsritual durchlaufen, das es in unterschiedlicher Form in fast allen Kulturen und Religionen gibt. Manchmal ist dieses Ritual eine buchstäbliche Heldenreise, z.B. wenn man auch örtlich für eine gewisse Zeit den Stamm verlassen muss, um z.B. in der Wildnis zu leben und dann als erwachsener Mensch in die Stammesgemeinschaft zurückzukehren.

Carl Gustav Jung nennt in diesem Zusammenhang den Begriff der „Individuation“. Das beschreibt einen lebenslangen Prozess, in dem man sich immer weiter zum

Individuum entwickelt. Dies wird dadurch erreicht, dass man in sich hineinhorcht und sich immer neuen individuellen Herausforderungen stellt und daran wächst, ohne einfach nur den kollektiven Normen zu folgen.

Die Heldenreise erscheint uns so ansprechend und universell gültig, weil darin ganz tief verwurzelte menschliche Gedankenmuster zum Ausdruck kommen.

Wir können daher das Muster der Heldenreise auf unser eigenes Leben übertragen. Jedes Leben kann eine Heldenreise sein, wir müssen nur bereit sein, dem Ruf zu folgen.

„Follow your bliss."
„Folge deinem Glück."
Joseph Campbell

Dieses Muster lässt sich auf viele Lebensbereiche übertragen und man muss nicht zwangsläufig ein Unternehmen gründen, um sich auf seine persönliche Heldenreise zu begeben. Aber in unserer heutigen Welt kann man mit einer Unternehmensgründung die Heldenreise verwirklichen. Gründer sind Helden. Nicht weil sie über besondere Fähigkeiten verfügen oder etwas Besonderes erreichen, sondern weil sie sich auf die Heldenreise zur Selbsterkenntnis und Selbstfindung begeben.

Eine Gründung ist auch eine Reise mit vielen Stationen, mit Höhen und Tiefen. Die Erlebnisse, die man bei einer Gründung durchlebt, lassen sich auch unter die Stationen der Heldenreise fassen. Die Unternehmensgründung ist die Heldenreise!

5. Die normale Welt

Jede Gründung hat einen Ausgangspunkt. Als Gründer lebt man in einer normalen Welt. Diese normale Welt kann für jeden etwas Unterschiedliches bedeuten. Generell bedeutet normale Welt, dass es eine Umgebung und Gesellschaft ist, die man gut kennt, in der man vielleicht sogar unmittelbar aufgewachsen ist. Man kennt die Gesetzmäßigkeiten und Normen dieser Welt genau und es erwarten einen in der Regel keine großen Unsicherheiten oder Überraschungen. Im Großen und Ganzen kann man abschätzen, welche Resultate die eigenen Handlungen haben werden und man fühlt sich sicher. Für den Gründer kann diese normale Welt z.B. ein sicheres Arbeitsverhältnis oder eine Bildungslaufbahn wie ein Studium sein.

Diese normale Welt, also die Lebenssituation, in der man sich entscheidet zu gründen, kann sehr unterschiedlich sein. Manche Gründer sind noch sehr jung, wenn sie ihr Unternehmen gründen, z.B. während ihrer Schulzeit. Es gibt auch einige erfolgreiche Gründer, die für die Unternehmensgründung ihr Studium abgebrochen haben, z.B. der Microsoft-Gründer Bill Gates, der Facebook-Gründer Mark Zuckerberg oder der Apple-Gründer Steve Jobs, die nach dem Studienabbruch ihre

Unternehmen zu fantastischen Welterfolgen führen konnten. Auch Kendra Scott, die Gründerin des erfolgreichen gleichnamigen amerikanischen Schmuck-Unternehmens, hat die Texas A&M University ohne Abschluss verlassen, bevor sie ihr Unternehmen gründete.

Wieder andere Gründer waren schon im fortgeschrittenen Alter, als sie ihr Unternehmen gründeten. Der britische Erfinder James Dyson war bereits 44, als er sein Unternehmen gründete, das mit Staubsaugern einen großen Welterfolg erzielte.

Ebenso ist der Bildungshintergrund der Gründer sehr unterschiedlich. Es gibt Gründer aus den unterschiedlichsten Fachrichtungen und neben den klassischen technischen und wirtschaftlichen Bildungsgängen, die man auf den ersten Blick für besonders gründungsförderlich halten würde, gibt es auch Quereinsteiger, die sehr erfolgreich sein können. So war der Gründer von Alibaba, Jack Ma, vor der Gründung seines Unternehmens Englisch-Lehrer.

Es gibt sogar erfolgreiche Gründer, die nicht einmal einen Schulabschluss haben, wie beispielsweise der exzentrische britische Selfmade-Milliardär Richard Branson, der seine unternehmerische Laufbahn mit dem Handel von Schallplatten begann. Auch er ist ein extrem erfolgreicher Unternehmer und hat schon viele Unternehmen gegründet.

Ebenso spielt der Ort, an dem man lebt, eine Rolle für die Gründungsaffinität. Die Gründerquoten, also der Anteil der Gründer an der Gesamtbevölkerung, unterscheiden sich zwischen verschiedenen Ländern zum Teil sehr deutlich. Deutschland beispielsweise belegt im internationalen Vergleich mit anderen entwickelten Nationen eher einen hinteren Rang, was die Gründeraktivität angeht. Die unterschiedliche Gründeraffinität kann sowohl politische als auch kulturelle Ursachen haben.

Der allgemeine Trend, Startup-Gründungen mehr Aufmerksamkeit zu schenken und durch politische Maßnahmen zu fördern, ist in den Ländern unterschiedlich stark ausgeprägt und die gesetzlichen Rahmenbedingungen für Gründer unterscheiden sich. So gilt beispielsweise die öffentliche Verwaltung Estlands als sehr unbürokratisch und digital. Das Land hält den Weltrekord mit der schnellsten Firmengründung in 18 Minuten. Generell haben die Gesetzeslage und das Vorhandensein von Fördermaßnahmen einen Einfluss auf die Gründeraktivität.

Darüber hinaus spielt auch der kulturelle Hintergrund beim Gründen eine entscheidende Rolle. Die gesellschaftliche Wahrnehmung von Unternehmensgründungen ist dementsprechend unterschiedlich. So sind beispielsweise die USA sehr aufgeschlossen gegenüber Startups, dort gibt es eine lange Gründertradition.

In Kalifornien befindet sich das berühmte Silicon Valley, das eine lange und glorreiche Startup-Tradition hat. Die dort ansässige Stanford Universität animierte schon sehr früh ihre Studenten, ein Unternehmen zu gründen. Ein sehr bekanntes Beispiel ist das 1939 gegründete Unternehmen Hewlett-Packard, das von den ehemaligen Stanford-Studenten William Hewlett und David Packard in einer Garage in Palo Alto ins Leben gerufen wurde, was zur Legende des „Gründens in der Garage" beigetragen hat.

Auch Israel ist eine sehr starke Gründernation. Die Region um Tel Aviv, in der es sehr viele High-Tech-Startups gibt, wird in Anlehnung an das Silicon Valley auch „Silicon Wadi" genannt. Die Gründerquote ist im Vergleich zu anderen entwickelten Ländern extrem hoch und der Umfang des in Startups investierten Venture Capital pro Kopf ebenfalls. Als Ursachen für die hohe Gründeraktivität in Israel werden verschiedene Gründe diskutiert, z.B. das israelische Militär, bei dem mehr oder weniger alle Bürger, Männer wie Frauen, Wehrdienst leisten müssen. Die Streitkräfte sind technologisch sehr gut ausgerüstet und schon in jungen Jahren übernehmen die Soldaten Leitungsfunktionen für kleine Gruppen, so dass sie dort früh den Umgang mit High-Tech und Führungsverantwortung erlernen. Eine weitere Besonderheit liegt in der israelischen Mentalität, die auch der Sozialpsychologe Geert Hofstede in seiner berühmten Studie nachweisen konnte. In dieser Studie werden verschiedene Kulturen hinsichtlich bestimmter Dimensionen verglichen. Eine dieser Dimensionen stellt die sog. Machtdistanz dar. Sie beschreibt, inwieweit eine ungleiche Verteilung von Macht gesellschaftlich akzeptiert wird. Dieser Wert ist in Israel besonders gering, formelle Hierarchien sind weniger stark ausgeprägt, weder im Militär noch in der Wirtschaft. Mit guten Argumenten würde ein einfacher Angestellter auch eine entgegengesetzte Meinung als der Chef vertreten können, was in vielen anderen Kulturen undenkbar wäre. Es gibt einen intensiveren Diskurs und man ist eher bereit, den Status Quo herauszufordern, was sicherlich auch förderlich für die Startup-Kultur ist.

Diese Unterschiede können vielleicht eine größere oder geringere Affinität zu Unternehmensgründungen erklären, letztendlich gibt es aber auf der ganzen Welt erfolgreiche Gründungen und man muss sich ganz persönlich und von dem kulturellen Hintergrund entkoppelt damit beschäftigen.

Der wirtschaftliche Hintergrund der Unternehmensgründer kann ebenfalls sehr unterschiedlich sein. Es gibt Gründer, die aus ganz einfachen Verhältnissen stammen und den Traum „Vom Tellerwäscher zum Millionär“ verwirklichen. Der in Paderborn geborene Heinz Nixdorf wuchs in materieller Armut auf und musste nach dem zweiten Weltkrieg, in dem sein Vater gefallen war, zum Teil durch Gelegenheitsarbeiten seine Familie ernähren. Trotz dieser widrigen Umstände gelang es ihm, aus dem Nichts ein Computer-Imperium mit zeitweise über 30.000 Mitarbeitern zu erschaffen. Andere Gründer wiederum kommen aus sehr wohlhabenden Verhältnissen und haben bereits eine gute Startbasis.

Eine besondere Ausgangssituation haben die Nachfolgergenerationen in Familienunternehmen. Während die Gründergeneration das Unternehmen gründet und aufbaut, stehen die Erben vor einer besonderen Herausforderung. Auf der einen Seite können sie zwar auf bestehende Strukturen zurückgreifen, auf der anderen Seite müssen sie trotzdem ihren eigenen Weg gehen und Neuerungen für die alten Strukturen herbeiführen. Insofern kann auch jemand, der nicht selbst der Gründer eines Unternehmens ist, die entscheidenden Impulse für den Aufbau und die Expansion geben. Ein bekanntes Beispiel dafür ist der 1835 von Carl Bertelsmann gegründete Bertelsmann Verlag, der im Wesentlichen kirchliche Schriften publizierte. Nach dem zweiten Weltkrieg übernahm Reinhard Mohn, ein Nachfahre des Gründers, die

Leitung des Unternehmens. Er entwickelte das Unternehmen von einem kleinen regionalen Verlag zu einem weltweit operierenden Medienkonzern.

Eine ähnliche Situation gab es auch beim weltberühmten Spielzeug-Hersteller Lego. Der dänische Tischler Ole Kirk Christiansen gründete das Unternehmen im Jahr 1932 und begann mit der Produktion von Holzspielzeug. Nach dem zweiten Weltkrieg experimentierte man bereits mit Plastikbausteinen, aber erst nach dem Tod des Gründers und der Übernahme des Unternehmens durch dessen Sohn, Godtfred Kirk Christiansen, gelang mit den berühmten Bausteinen der weltweite Durchbruch.

Es gibt ganz unterschiedliche Ausgangspunkte für eine Unternehmensgründung. Für nahezu jede Ausgangslage lassen sich Beispiele von erfolgreichen Gründern anführen. Man findet sie in allen Ländern der Welt, in allen sozialen Schichten und mit unterschiedlichster Vorbildung. Trotzdem gibt es natürlich statistische Zusammenhänge, die eine Gründung mehr oder weniger wahrscheinlich machen. Insofern sind bestimmte Gruppen bei Gründern über- und andere wiederum unterrepräsentiert. Auffällig ist, dass Frauen bei den Unternehmensgründungen stark unterrepräsentiert sind. Aber es gibt auch sehr erfolgreiche Gründerinnen zu allen Zeiten, wie z.B. Margarete Steiff, Coco Chanel und Sara Blakely, die anderen Frauen als Vorbild dienen können, sich ebenfalls auf die Heldenreise der Unternehmensgründung zu begeben.

Für den Einzelnen dürfen diese Statistiken keine Rolle spielen. Ob man nun zu einer Gruppe gehört, die eine statistisch hohe oder niedrige Wahrscheinlichkeit zur Gründung hat, ist völlig gleichgültig. Viele Gründer haben gezeigt, dass sie trotz aller Widrigkeiten ihre Heldenreise meistern konnten. Man sollte sich nicht zu viele Gedanken darüber machen, von wo man aufbricht, sondern es geht viel mehr darum, dass man überhaupt aufbricht.

Davor lebt man ein gewöhnliches Leben und geht den Ausbildungs- und Karriereweg, wie es von seinem Umfeld erwartet wird. Man geht jeden Morgen zur Schule, Universität oder zur Arbeit und macht sich keine weiteren Gedanken darüber, man erfüllt die Erwartungen von Eltern, Partnern, Arbeitgebern und der Gesellschaft.

6. Der Ruf zum Abenteuer

Irgendwann beginnt man aber, sich Gedanken darüber zu machen, nämlich dann, wenn man den Ruf vernimmt. Der Ruf zur Gründung ist genauso wie der Ruf zum Aufbruch zur Heldenreise. Wichtig ist, dass man in der Lage ist, sich dafür zu sensibilisieren und diesen Ruf auch als solchen zu erkennen. Der Ruf zum Gründen kann unterschiedliche Formen haben. Anfangs ist es vielleicht ein Problem, das man selbst hat und für das man keine adäquate Lösung findet, so dass man beschließt, es selbst zu lösen.

Als erfolgreiche Vertrieblerin in Florida war die Amerikanerin Sara Blakely unzufrieden mit den damals verfügbaren Strumpfhosen, insbesondere beim Tragen in dem dortigen warmen Klima. Da sie kein geeignetes Produkt auf dem Markt fand, beschloss sie, eine eigene Strumpfhose zu entwickeln und gründete das Unternehmen „Spanx", wodurch sie schließlich zur Selfmade-Milliardärin wurde.

Eine andere Art von Ruf zur Gründung ist es, eine Chance wahrzunehmen, z.B. wenn man interessante Produkte oder innovative Technologien entdeckt, die noch nicht richtig eingesetzt und vermarktet werden. Man muss in der Lage sein, solche Gelegenheiten zu erkennen, denn wenn man sein Auge dafür schult, begegnet man ihnen ständig. Nicht jeder sollte man nachgehen, aber wenn man bewusst darauf achtet, verbessern sich die Fähigkeiten, diese zu erkennen und richtig einzuschätzen.

Der Österreicher Dietrich Mateschitz musste aufgrund seines Jobs im Marketing für einen großen Konzern häufig nach Asien reisen. Dabei entdeckte er in Thailand das belebende Getränk Krating Daeng, das ihm dabei half, seinen Jetlag abzumildern. Das war für ihn der Ruf zur Unternehmensgründung. Er passte die Rezeptur dem westlichen Geschmack an und vermarktete das Getränk als Red Bull mit einem phänomenalen Erfolg weltweit.

Die Motivation zur Gründung kann auch eine persönliche Leidenschaft sein, die einen schon das ganze Leben lang begleitet, wie zum Beispiel im Fall von Delia Lachance (besser bekannt als Delia Fischer). Bevor sie den erfolgreichen Interior Online Shop Westwing gründete, war sie lange Zeit als Redakteurin bei Elle und Elle Decoration tätig und konnte sich ihr ganzes Leben schon für das Thema begeistern.

Im Nachhinein ist es natürlich schön, auf die Erfolgsgeschichten zurückzuschauen, aber im Moment der Gründung, also vor dem Antritt der Heldenreise, ist ihr Ausgang nicht abzusehen. Sie kann zum Erfolg führen, aber auch zum Misserfolg. Man begibt sich ins Unbekannte und springt ins kalte Wasser. Gründer gehen Risiken ein und lassen ihre normale Welt hinter sich. Man gibt z.B. sein Studium auf oder kündigt die sichere Festanstellung. Diesen Schritt, also dem Ruf zu folgen, geht man nicht leichtfertig und es ist auch völlig nachvollziehbar, dass man sich zunächst weigert.

Die beiden Stanford Doktoranden Larry Page und Sergey Brin arbeiteten Mitte der Neunziger Jahre an dem Forschungsprojekt BackRub zum Thema Internet-Suche. Die dabei entwickelte Suchtechnologie war sehr innovativ und allen anderen damaligen Ansätzen überlegen. Im Laufe der Zeit wurde sie in Google umbenannt. 1999 wollten die beiden ihre Technologie eigentlich für 1 Million US-Dollar an das Web-Portal Excite verkaufen und sich weiter ihrer universitären Karriere widmen, anstelle das Unternehmen fortzuführen. Nachdem der CEO von Excite, George Bell, dieses Angebot abgelehnt hatte, handelte Vinod Khosla, ein Mitarbeiter von Excite, die beiden sogar auf 750.000 Dollar herunter, was Bell immer noch ablehnte. Schließlich beschlossen Larry Page und Sergey Brin, dem Ruf doch zu folgen und das Unternehmen selbst zu führen und weiterzuentwickeln. Google wurde zu einem der erfolgreichsten Internet-Unternehmen.

Dem Ruf zu folgen und die Heldenreise anzutreten, ist kein einfacher Schritt. Man lässt die sichere und bekannte Welt hinter sich und begibt sich ins Unbekannte. Manchmal bedeutet das bei einer Gründung auch, an einen unbekannten Ort zu gehen. So reiste der junge Saygin Yalçin im Jahr 2009 einfach mit einem Rucksack von Deutschland in das für ihn unbekannte Dubai, wo er als Internet-Unternehmer mit dem Online-Shopping Club sukar.com und der Auto-Handelsplattform SellAnyCar.com sehr erfolgreich wurde. Viele Gründer zieht es auch an die Startup-Hotspots dieser Welt, wie z.B. das Silicon Valley in Kalifornien.

Manche Gründer müssen sehr große persönliche Hindernisse überwinden, um ihrem Ruf folgen zu können. Die im 19. Jahrhundert geborene Margarete Steiff erkrankte im Alter von 18 Monaten schwer an Kinderlähmung und war von da an den Rest ihres Lebens teilweise gelähmt. Sie setzte sich gegen den Willen ihrer Eltern durch, um die Nähschule besuchen zu können und wurde eine gute Schneiderin. Sie gründete ihre eigene Schneiderei, produzierte Plüschtiere und legte damit den Grundstein für die weltberühmte Marke Steiff.

Die Gründerin des gleichnamigen Modehauses, Coco Chanel, hatte auch keinen einfachen Start ins Leben.

Sie wuchs in ärmlichen Verhältnissen als uneheliche Tochter eines Hausierers und einer Wäscherin auf. Als sie 12 Jahre alt war, starb ihre Mutter und sie wurde in ein Waisenhaus gegeben. Trotz dieser äußerst schwierigen Verhältnisse gelang es ihr mit unbändigem Willen und Ehrgeiz, eines der erfolgreichsten und bekanntesten Modehäuser der Welt aufzubauen.

Man kann immer Gründe dafür finden, dem Ruf nicht zu folgen. Manchmal kann es das persönliche Umfeld sein, das einen davon abhält. Man will die Erwartungen, die an einen gestellt werden, ein normales Leben in der normalen Welt zu führen, nicht enttäuschen. Vielleicht ist es die Angst, seine Familie, seinen Partner oder auch den Arbeitgeber im Stich zu lassen. Es kann auch passieren, dass das eigene Umfeld aktiv versucht, einen davon abzuhalten, die Heldenreise anzutreten. Dies geschieht in der Regel nicht in böser Absicht, sondern aus Angst vor dem Unbekannten. So könnten z.B. die Eltern versuchen, ihr Kind davon abzuhalten, ein Unternehmen zu gründen, da sie selbst nie diese Erfahrung gemacht haben und sich Sorgen um ein mögliches Scheitern machen. Auch wenn einem sein persönliches Umfeld natürlich sehr wichtig ist, muss jeder die Entscheidung, dem Ruf zu folgen, individuell für sich treffen und auf seine Intuition hören.

Es gibt Menschen und vielleicht ist das sogar die Mehrheit, die ihr ganzes Leben leben, ohne jemals einem Ruf gefolgt zu sein. Vielleicht vernehmen sie den Ruf erst gar nicht oder sind nicht in der Lage, ihn zu erkennen und zu deuten. Andere wiederum erkennen den Ruf zwar, aber weigern sich, ihm zu folgen. Sie vergeben ihre Chance, jemals ein Held zu sein und ihre Erfüllung zu finden. Darum ist es so wichtig, seine Sinne und Wahrnehmung zu schärfen, um den Ruf vernehmen zu können.

Wenn man den Ruf vernommen und die anfängliche Weigerung überwunden hat, beginnt die Heldenreise, die Unternehmensgründung!

7. Mentoren

Wenn man mutig den ersten Schritt gegangen ist, erwarten einen viele Herausforderungen. Um sie zu meistern, kann man jede Unterstützung gut gebrauchen.

Zu Beginn der Heldenreise trifft der Held dabei auf Unterstützer, die ihm wertvolle Informationen oder auch magische Gegenstände, wie z.B. ein Schwert, geben, die für das Bestehen der anstehenden Prüfungen essenziell sind. Der Held wird quasi für den Sprung ins Ungewisse belohnt und sein Vertrauen auf den Erfolg seiner Reise wird gestärkt.

Auch für Gründer sind Mentoren und Unterstützer sehr wichtig. Die Gründer sind oft jung und hochmotiviert und wollen sofort voller Tatendrang ins Abenteuer starten und die Heldenreise am liebsten im Laufschritt absolvieren. Das Problem ist, dass ihnen manchmal einfach eine gewisse (Lebens-)erfahrung fehlt und sie bestimmte Situationen nicht immer richtig einschätzen. Diese können sowohl fachliche und themenbezogene Fragen betreffen als auch ganz allgemeine Probleme bei der Gründung. Daher sind fachlicher Rat und auch moralische Unterstützung in schwierigen Phasen der Gründung sehr wertvoll.

Nicht nur fehlendes Wissen und mangelnde Erfahrung

sind das Problem, häufig brauchen Gründer auch Kapital, um ihre Ideen umsetzen zu können. Für manche Geschäftsideen ist es notwendig, in Vorleistung zu treten. Es kann sein, dass bestimmte Geschäftsmodelle erst ab einer gewissen Größe und einem relevanten Marktanteil profitabel funktionieren können. Um diese Unternehmensgröße zu erreichen, sind zum Teil erhebliche Mittel notwendig und es kann dazu führen, dass ein Unternehmen auf dem Weg dahin mehrere Jahre Verluste schreibt. Auch sind einige Technologien so komplex und schwierig zu beherrschen, dass man zunächst einmal viel Geld in Forschung und Entwicklung stecken muss, bis man ein marktfähiges Produkt anbieten kann. Der Elektroauto-Hersteller Tesla hat beispielsweise viele Jahre Verluste geschrieben, bis überhaupt die ersten Autos gebaut werden konnten und schließlich erste Gewinne realisiert wurden.

Da die Gründer selbst häufig nicht über ausreichende Mittel verfügen, brauchen sie die Unterstützung von Investoren, die diese Mittel bereitstellen können, um die Gründung in Gang zu bringen.

Startup-Investoren und Mentoren sind häufig selbst ehemalige Gründer, die schon eine oder mehrere erfolgreiche Gründungen hinter sich gebracht haben und sich daher sehr gut in die Situation der Gründer hineinversetzen können. Eine besondere Art von Mentor ist der sogenannte Business-Angel, der sowohl mit Rat als auch mit einer finanziellen Beteiligung dem Unternehmen zur Seite steht. Ein renommierter Business-Angel an Bord strahlt Seriosität aus und kann dabei helfen, weitere Investoren zu überzeugen.

So konnten die beiden Google Gründer Larry Page und Sergey Brin beispielsweise sehr früh einen Investor an Bord holen, der selbst viel Erfahrung als erfolgreicher Unternehmer gesammelt hat. Der aus Deutschland stammende Andy Bechtolsheim war Mitgründer von Sun Microsystems und beteiligte sich mit 100.000 US-Dollar als einer der ersten Investoren an Google.

Viele erfolgreiche Gründer freuen sich, ihr Wissen und ihre Erfahrungen an die nächste Gründer-Generation weitergeben zu können. Der milliardenschwere Gründer des Internet-Konzerns Alibaba, Jack Ma, hat einmal erklärt, worauf man sich in den einzelnen Lebensjahrzehnten am besten fokussieren sollte. Zwischen 20 und 30 sollte man einem guten Chef in einer guten Firma folgen und lernen. Von 30 bis 40 sollte man etwas Eigenes starten, wenn man möchte. Zwischen 40 und 50 sollte man das tun, worin man gut ist und zwischen 50 und 60 sollte man sein Wissen und seine Erfahrungen weitergeben und Mentor werden. Er selbst hat seinen eigenen

Ratschlag beherzigt und hat sich mit 55 Jahren von der Spitze von Alibaba zurückgezogen, um sich der Weitergabe von Wissen an die nächste Generation zu widmen.

Ein Mentor muss aber nicht zwingend über Geld oder gründungsrelevantes Fachwissen verfügen. Manchmal reicht es schon, wenn er bei schwierigen Fragen ein Ansprechpartner für den Gründer ist, der dessen Beweggründe versteht und ihm mit moralischer Unterstützung beisteht.

Weder bei der Gründung noch im Mythos kann der Mentor dem Helden die „Arbeit abnehmen". Der Held muss seinen eigenen Weg gehen und auch seine eigenen Erfahrungen machen, da jede Heldenreise genau wie jede Gründung individuell ist. Der Mentor hat auch mit seinen Ratschlägen nicht immer Recht. Aber der Mentor kann Wissen vermitteln, das dem Helden helfen kann, sein Abenteuer zu meistern. Darüber hinaus ist allein das Vorhandensein des Mentors schon hilfreich, da es dem Helden das Gefühl gibt, bei seiner gerade zu Beginn fast unlösbar erscheinenden Aufgabe nicht allein zu sein. Der Mentor glaubt an den Helden.

Für den Gründer erscheint der Mentor manchmal genauso so überraschend und scheinbar aus dem Nichts, wie für den Helden die magische Unterstützung. Speziell für angehende Gründer kann es wichtig sein, sich bewusst Mentoren zu suchen und proaktiv auf sie zuzugehen. Es gibt viele Möglichkeiten, an Netzwerke anzuknüpfen und sich eigene Netzwerke aufzubauen. Man muss sich als Startup auch keinesfalls auf einen einzelnen Mentor beschränken, sondern kann sich z.B. einen Beirat aus mehreren Experten zusammenstellen, die in ihren jeweiligen Fachbereichen den Gründer unterstützen können.

Wichtig ist es, seinen Weg zu gehen und darauf zu vertrauen, dass man erfolgreich ist. Außerdem muss man in der Lage sein, Mentoren zu erkennen und auf ihren Rat zu hören.

8. Die zahllosen Prüfungen

Auch wenn es von vielen Seiten Unterstützung für angehende Gründer gibt, so sind die Gründung und der erfolgreiche Aufbau eines Unternehmens eine große Herausforderung. Jede einzelne Phase beinhaltet neue Prüfungen, die gemeistert werden müssen. Diese Prüfungen sind sehr vielfältig und erfordern sehr unterschiedliche Fähigkeiten. An jeder dieser Prüfungen wächst der Gründer.

Ganz wichtig ist dabei, dass das Ziel oft noch gar nicht von Anfang an bekannt ist, sondern sich während der Reise herauskristallisiert. Viele Gründer starten mit einer initialen Idee oder einem Produkt, das sich über die Zeit noch weiterentwickeln kann. Während der Heldenreise wird immer klarer, worauf sie hinausläuft. Manche Startups legen auch einen sog. „Pivot" hin, also eine komplette Umstellung der Ausrichtung und des Geschäftsmodells, wenn sich das ursprüngliche als nicht erfolgversprechend herausgestellt hat.

Die mittlerweile weltbekannte Foto-App Instagram startete ursprünglich als Check-In Software mit Namen burbn. Die Foto-Funktionalität mit Bearbeitungsmöglichkeiten und Filtern war nur ein Teil der Anwendung. In der Anfangsphase stellte sich heraus, dass die Nutzer besonders diese Foto-Funktionalitäten schätzten, so dass diese von da an in den Fokus gestellt wurden, was letztendlich den Weg für den phänomenalen Erfolg frei machte.

Mariya Nurislamova, die Gründerin von Scentbird, hat auch einige Varianten ihres Geschäftsmodells ausprobieren müssen, bevor es zum durchschlagenden Erfolg kam. Das Unternehmen startete als Empfehlungsplattform für Parfum. Sie merkte schnell, dass es schwierig war, damit Geld zu verdienen und änderte das Geschäftsmodell dahingehend, dass die Kunden für einen geringen Betrag eine Box mit Parfumproben bestellen konnten, um dann im Idealfall von den Düften, die ihnen gefallen hatten, eine ganze Flasche zu kaufen. Dies passierte leider nicht und es blieb in den meisten Fällen lediglich bei der verkauften Probenbox. Letztendlich hat sie aus dem Geschäftsmodell ein Parfum-Abo gemacht, bei dem Kunden jeden Monat neue Düfte zugeschickt bekommen, was die Grundlage für den großen Erfolg von Scentbird wurde.

Weder der Held noch der Gründer wissen, wie die Reise genau verlaufen wird. Auch wenn es wichtig ist, ein Ziel oder eine Vision zu haben, muss man immer bereit sein für Veränderung und Anpassung. Entlang des Weges ergeben sich viele neue Möglichkeiten und auch Erkenntnisse, die den weiteren Verlauf der Heldenreise oder der Gründung beeinflussen können.

Auch wenn jede Gründung wie auch jede Heldenreise sehr individuell sind, gibt es doch bestimmte Herausforderungen, die immer wieder oder in abgewandelter Form auftauchen.

Am Anfang steht das Produkt, das man anbieten möchte. Die Gründer müssen in der Lage sein, ein Produkt zu finden, zu entwickeln und einen funktionsfähigen Prototypen zu bauen. Abhängig davon, um welche Art von Produkt es sich handelt und ob dabei auf bestehende Komponenten zurückgegriffen werden kann, kann diese Phase bereits eine schwierige Hürde darstellen. Der Unternehmer Elon Musk gründete im Jahr 2002 das Raumfahrt-Startup SpaceX, um kosteneffiziente Raketen-Technologie zu entwickeln, die letztendlich die Menschheit befähigen soll, den Mars zu besiedeln. Nach einigen Fehlschlägen und vielen Millionen US-Dollar Investitionen gelang im Jahr 2008 der erste erfolgreiche Flug in die Erdumlaufbahn. Sicherlich ist bei den meisten Startups das Produkt nicht so komplex wie in der Raumfahrttechnik, aber jedes Produkt ist extrem wichtig, die Entwicklung ist nie abgeschlossen, sondern sie erfordert ständige Verbesserung sowie Anpassung an die Kundenpräferenzen und den Wettbewerb.

Sobald man bereit ist, an den Markt zu gehen, wartet die nächste Prüfung auf den Gründer, nämlich das

Verkaufen. Diese Herausforderung erfordert wiederum ganz andere Fähigkeiten als die Entwicklung und Herstellung eines Produktes. Definitiv ist der Verkauf essenziell für jedes Unternehmen und jeden Gründer. Generell geht es darum, das Produkt für die potenziellen Kunden schmackhaft zu machen, so dass sie es letztendlich kaufen.

Der klassische Vertrieb findet in der Regel im 1 zu 1 Gespräch statt und man versucht, den Kunden in einem Gespräch vom Kauf zu überzeugen. Je nach Produkt oder Branche kann der Vertrieb auch ganz anders aussehen. Es ist denkbar, dass man durch Präsentation vor vielen Zuhörern diese von dem Produkt überzeugen kann. Auch die Entwicklung und Umsetzung von ganzheitlichen Marketing-Konzepten fällt darunter.

Im Idealfall gelingt der Verkauf sehr gut und man steht vor der nächsten Prüfung. Um die steigende Nachfrage nach dem Produkt überhaupt bedienen zu können, kommt für jeden Gründer der Zeitpunkt, an dem das Unternehmens-Team vergrößert werden muss und Mitarbeiter eingestellt werden müssen. Zunächst muss man geeignete Kandidaten finden und davon überzeugen, an dem Unternehmen mitzuwirken. Danach müssen die Mitarbeiter geführt und gemanagt werden.

Wenn das Unternehmen weiter wächst und sich positiv entwickelt, verändern sich die Herausforderungen weiter und es warten neue Prüfungen auf die Gründer. Je größer eine Organisation wird, umso mehr entfernt man sich als Gründer vom Tagesgeschäft. Man kann nicht mehr mit jedem einzelnen persönlich interagieren, sondern muss eher seinen Fokus darauf richten, die organisatorischen Rahmenbedingungen zu schaffen, damit sich das Unternehmen weiter positiv entwickeln kann. Ab einer bestimmten Unternehmensgröße kennt man als Gründer nicht einmal mehr jeden Mitarbeiter persönlich. Von da an muss man die Steuerung des eigenen Unternehmens auf andere Art und Weise vornehmen als über die direkte Kommunikation mit jedem einzelnen. Man muss lernen zu delegieren, was wieder neue Herausforderungen mit sich bringt.

Sowohl Gründer als auch Helden stehen immer vor zahlreichen derartigen Herausforderungen, die sie im Äußeren bewältigen müssen. Sie müssen die vielfältigen Aufgaben anpacken, mit anderen Menschen kommunizieren, etwas produzieren oder entwickeln und sich voller Tatendrang in die Arbeit stürzen. Als Gründer darf man sich für keine Aufgabe zu schade sein, sondern muss anpacken, wo es nötig ist. Man kann sich nicht darauf verlassen, dass sie schon ein anderer erledigen wird. Es ist nicht möglich, sich davor zu drücken oder wegzuducken. Auch wenn man am Anfang noch nicht weiß wie, so wächst man doch von Prüfung zu Prüfung an den Aufgaben.

Eine besondere Herausforderung, der man sich stellen muss, ist, dass man als Gründer oft überhaupt kein Feedback bekommt. Man weiß also nicht zwangsläufig sofort, wenn man etwas tut, ob es richtig oder falsch ist, sondern unter Umständen stellt sich das erst viel später heraus und man muss damit leben können, dass es dieses Feedback manchmal einfach nicht gibt. Die Welt hat nicht auf den Gründer gewartet und man muss sich erst Gehör verschaffen, um überhaupt ein Feedback, auch ein negatives, zu bekommen.

Neben diesen Herausforderungen, die man im Äußeren bewältigen muss, stellen die Herausforderungen im Inneren sowohl für den Helden als auch für den Gründer eine ganz entscheidende Komponente ihrer Heldenreise dar. Schon beim Aufbruch zur Heldenreise sind es die inneren Widerstände, Ängste und auch das Gefühl, den Sprung ins Unbekannte zu wagen, die man überwinden muss, um seine Reise überhaupt beginnen zu können.

Entlang der Heldenreise ist der Held immer wieder mit ähnlichen Situationen des Zweifels und der Unsicherheit konfrontiert. Auch ein Held ist nicht unverwundbar, weder körperlich noch seelisch. So wie die Prüfungen im

Äußeren schwieriger werden, müssen auch innere Widerstände immer wieder neu überwunden werden.

Als Gründer steht man immer wieder vor Aufgaben, von denen man vorher nicht weiß, wie und ob man sie überhaupt bewältigen kann. Man weiß manchmal nicht weiter und wird auch von der Angst begleitet, völlig zu scheitern. Zeitweise befindet man sich in fast ausweglosen Situationen. Im Rückblick, wenn man eine solche Situation gemeistert hat und das Unternehmen sich dann erfolgreich entwickelt, ist es einfach, über solche Tiefpunkte hinwegzusehen. Aber in dem Moment, in dem man sich gerade in dieser Lage befindet, ist es eine große Herausforderung, emotional damit umzugehen. Erschwerend kommt hinzu, dass man als Gründer gerade in schwierigen Situationen sehr allein ist. Als erfolgreicher Gründer ist man gefragt und viele Menschen wollen an diesem Erfolg teilhaben, aber kurz vor der Pleite, wenn einem das Geld ausgeht, ist man als Gründer schlimmstenfalls ganz auf sich allein gestellt. Auch wenn man als Gründer und als Held phasenweise Unterstützung erhält, so muss man doch in schwierigen Situationen die entscheidenden Fragen allein beantworten.

Dann ist es wichtig, nicht in Panik zu geraten, sondern zu versuchen, einen klaren Kopf zu bewahren und die richtigen Entscheidungen zu treffen. Man muss einen

Schritt zurücktreten und die Gründung bzw. Heldenreise im Gesamtkontext sehen. Man ist einen weiten Weg gegangen und wird ihn weitergehen. Es ist wichtig, an sich zu glauben, und man darf nicht den Mut verlieren, auch wenn es in der einen oder anderen Situation schwerfällt.

Jede Unternehmensgründung ist anders und bringt den Gründer auf eine völlig individuelle Reise. In jeder Phase der Gründung und der Weiterentwicklung des Unternehmens warten neue Aufgaben, die sehr unterschiedliche Qualitäten erfordern. Letztendlich wächst man durch das Meistern jeder einzelnen kleinen und großen Prüfung. Mit Sicherheit wird man während der Heldenreise durch die zahllosen Prüfungen neue Talente an sich entdecken. Herausforderungen, die einem vor einiger Zeit noch unmöglich erschienen, werden gleich viel einfacher, wenn man sich ihnen stellt. Dadurch, dass man den Mut hat, sich neuen Abenteuern bei der Heldenreise bzw. Gründung zu stellen, erkennt man vielleicht, dass man eigentlich schon immer ein großer Verkäufer, Software-Entwickler, Redner oder Organisator war.

9. Scheitern + Wiedergeburt

Angesichts dieser vielen schwierigen Prüfungen und Herausforderungen, denen man sich als Gründer und als Held stellen muss, ist es selbstverständlich, dass man auf der Heldenreise auch scheitern kann. Während es im Mythos oft um Leben und Tod geht, so geht es für Gründer schlimmstenfalls um das wirtschaftliche Scheitern, also die Zahlungsunfähigkeit, was auch durchaus in Millionen- oder sogar Milliardenverlusten münden kann. Dieser Moment ist für einen Gründer sehr dramatisch und kann auch als persönliches Scheitern empfunden werden. Man ist mit großem Optimismus zu seiner Reise aufgebrochen und ist selbstverständlich davon überzeugt, erfolgreich zu sein.

Man kann aber nicht immer erfolgreich sein, sondern muss auch in der Lage sein, mit einer Niederlage richtig umzugehen. In den Mythen kann es sogar sein, dass der Held buchstäblich stirbt, z.B. von einem bösen Monster getötet wird.

In diesem Moment liegt oft der Wendepunkt der Geschichte, denn der Held wird wiedergeboren – nicht nur als der, der er zuvor gewesen ist, sondern als ein neuer, besserer Mensch, der nun in der Lage ist, die Herausforderung zu meistern. Er wächst über sich hinaus. Dabei erwirbt er aber nicht unbedingt neue Fähigkeiten. Manchmal bedeutet über sich hinauszuwachsen auch einfach die Erkenntnis, die zur Bewältigung der Prüfung notwendige Fähigkeit, Kraft oder ähnliches schon immer gehabt zu haben. Der Held erkennt in diesem Moment, dass er eine außergewöhnliche Macht in sich trägt und schon immer in sich getragen hat. Es bedurfte aber des Scheiterns bzw. schlimmstenfalls wirklich des Sterbens, um das zu realisieren.

Nach seiner Wiedergeburt kommt der Held noch stärker als zuvor zurück und meistert die Herausforderung! Es gibt zahllose Beispiele von erfolgreichen Gründern, die zunächst gescheitert sind und das auch recht drastisch und zum Teil mehrfach.

Steve Jobs gründete 1976 in jungen Jahren Apple Computer und konnte schnell sehr große Erfolge erzielen. Nachdem er den erfahrenen Manager John Sculley angeheuert hatte, kam es zu einem Machtkampf, den Jobs verlor, so dass er schließlich sein von ihm selbst gegründetes Unternehmen verlassen musste. Anstelle diese drastische Niederlage als persönliches Scheitern und als Ende seiner Karriere zu empfinden, blieb Steve Jobs voller Tatendrang, ging gestärkt daraus hervor und gründete weitere Unternehmen, nämlich das Computer-Unternehmen NeXT und das Animationsfilmstudio Pixar, das mit Toy Story einen Riesenerfolg feierte. Schließlich kehrte er 1997 zurück zu Apple, das inzwischen in eine wirtschaftliche Schieflage geraten war, und führte es zu noch größeren Erfolgen als jemals zuvor. Wie der Held im Mythos hat Steve Jobs diese Niederlage nicht als Ende empfunden, sondern es ist ihm gelungen, gestärkt daraus hervorzugehen.

Walt Disney, dessen Name heute für die Revolution der Film- und Unterhaltungsbranche steht und dessen von ihm gegründetes Unternehmen immer noch an der Weltspitze in diesem Bereich steht, hatte vor seinem Erfolg auch das Scheitern kennengelernt. Er gründete 1920 das Trickfilmstudio Laugh-O-Gram, das nach einiger Zeit mit einer Pleite endete. Schließlich ging er nach Kalifornien, wo es ihm gelang, aufbauend auf Trickfilmen aus dieser Zeit, eine Basis für die Gründung der Walt Disney Company zu schaffen, die heute jeder kennt.

Der bekannte Unternehmer, Autor und Juror bei „Die Höhle der Löwen“, Frank Thelen, ist neben vielen erfolgreichen Gründungen und Investments auch schon einmal gescheitert. So musste er mit der twisd AG im Zuge des Platzens der Dotcom-Blase Insolvenz anmelden. Davon hat er sich nicht unterkriegen lassen und weitere erfolgreiche Unternehmen gegründet und auch sehr erfolgreich in andere Unternehmen investiert.

Zu scheitern ist nicht erstrebenswert. Je nach Art und Umfang des Scheiterns ergeben sich daraus zum Teil massive wirtschaftliche und persönliche Konsequenzen. Als Gründer verliert man vielleicht sein Unternehmen, das man über Jahre hinweg mit großem Einsatz aufgebaut hat, man verliert viel Geld, das man in das Unternehmen gesteckt hat, das eigene Einkommen bricht unter Umständen weg und man verliert sein Gesicht vor anderen. Man ist mit großem Optimismus in eine Gründung gestartet und hat diese Erwartung an das eigene Umfeld kommuniziert, auch unter Umständen gegen Widerstände die eigene Überzeugung durchgesetzt. Nun muss man sich selbst und auch anderen eingestehen, dass die eigene Gründung gescheitert ist. Das ist kein einfacher Moment und manchmal ist man dazu geneigt, den Moment des Eingestehens eines Scheiterns hinauszuzögern. Daher ist es wichtig, in diesen schwierigen Situationen einen klaren Kopf zu behalten und die Lage realistisch einzuschätzen. Wann bin ich gescheitert und wann lohnt es sich, lieber neu anzufangen (als wiedergeborener Held) oder noch weiter an etwas festzuhalten? Niemand scheitert gerne, aber es gehört einfach zum Gründen und zur Heldenreise dazu.

Der ehemalige US-Präsident und Nobelpreisträger Theodore Roosevelt hielt am 23. April 1910 an der berühmten Sorbonne Universität in Paris die Rede „Citizenship in a Republic“. Ein Zitat aus dieser Rede bringt es sehr gut auf den Punkt, warum auch gerade denjenigen Anerkennung gebührt, die sich auf die Heldenreise begeben und dabei scheitern.

“It is not the critic who counts; not the man who points out how the strong man stumbles, or where the doer of deeds could have done them better. The credit belongs to the man who is actually in the arena, whose face is marred by dust and sweat and blood; who strives valiantly; who errs, who comes short again and again, because there is no effort without error and shortcoming; but who does actually strive to do the deeds; who knows great enthusiasms, the great devotions; who spends himself in a worthy cause; who at the best knows in the end the triumph of high achievement, and who at the worst, if he fails, at least fails while daring greatly, so that his place shall never be with those cold and timid souls who neither know victory nor defeat.”

“Es kommt nicht auf den Kritiker an; nicht auf den denjenigen, der mit dem Finger darauf zeigt, wie der Starke strauchelt oder wo der Vollbringer von Taten sie hätte besser machen können. Die Anerkennung gebührt demjenigen, der tatsächlich in der Arena ist, dessen Gesicht mit Staub und Schweiß und Blut bedeckt ist; der

sich tapfer anstrengt; der scheitert; immer wieder und wieder; denn es gibt keine Anstrengung ohne Fehler und Mangel; der sich aber wirklich anstrengt, die Taten zu vollbringen, der großen Enthusiasmus kennt; die große Hingabe; der sich einer ehrenwerten Sache verschreibt; im Idealfall den Triumph des großen Erfolgs erlebt; oder schlimmstenfalls, falls er scheitert, mindestens dabei scheitert, während er es mutig versucht hat, so dass sein Platz niemals bei den kalten und ängstlichen Seelen sein wird, die weder Sieg noch Niederlagen kennen."
Theodore Roosevelt

Roosevelt bringt damit zum Ausdruck, dass Scheitern nicht schlimm ist und es zum Erfolg dazu gehört. Ehre gebührt schon denjenigen, die allein den Mut hatten, zur Heldenreise aufzubrechen. Unabhängig davon, wie es weitergeht, ob die Prüfungen gemeistert werden oder nicht, allein der Mut, überhaupt den Sprung ins Unbekannte zu wagen und sich den Herausforderungen zu stellen, verdient Anerkennung.

Die Liste der gescheiterten Gründer, die im Nachhinein doch sehr erfolgreich wurden, ließe sich beliebig verlängern. Wie der Held im Mythos erlebt der Gründer viele kleine und große Krisen, die ihn zum Teil an den Rand der Verzweiflung bringen können. Wichtig ist es, diese

Talsohle zu durchschreiten, wiederaufzustehen und weiterzumachen, um als wiedergeborener Held die Herausforderungen zu meistern. Viele erfolgreiche Gründer berichten, dass erst ihre größten Misserfolge den Weg zu ihren größten Erfolgen geebnet haben.

10. Der Segen für die Welt

Nachdem der Held alle Prüfungen gemeistert hat und auch nach dem (symbolischen) Tod als neuer Mensch wieder auferstanden ist, hat er das Ziel seiner Mission erreicht. Er erhält eine Belohnung, z.B. den Heiligen Gral, eine besondere Macht oder auch eine Erleuchtung.

Dieser Segen, den der Held erhält, ist aber nicht für ihn allein bestimmt, sondern wird der ganzen Gemeinschaft, aus der heraus er zur Heldenreise aufgebrochen ist, zugutekommen. Der Held verfolgt also kein rein egoistisches Ziel, er bringt auch seiner Gemeinschaft einen Nutzen.

Mit Gründern verhält es sich ganz ähnlich. Sie nehmen eine lange und beschwerliche Reise aus unzähligen Prüfungen auf sich und schaffen etwas, das die Welt in irgendeiner Art und Weise weiterbringt. Erfolgreiche Unternehmen bringen ein neues Produkt oder eine Dienstleistung auf den Markt, die oft in irgendeiner Form das Leben von vielen Menschen ein Stück verbessern, sei es im Kleinen oder im Großen. Dafür gibt es unzählige Beispiele.

Elon Musk widmet sich besonders großen Problemen der Menschheit. Mit gleich zwei Unternehmen, nämlich Tesla und SpaceX, adressiert er wirklich große Herausforderungen. Tesla leistet revolutionäre Arbeit auf dem

Gebiet der Elektromobilität, um eine Lösung zur Verringerung der Umweltschäden zu finden, die durch den massenhaften Einsatz von Verbrennungsmotoren im Autoverkehr entstehen. Mit SpaceX hat sich Elon Musk das Ziel gesetzt, den Mars zu besiedeln, indem er kommerzielle Raumfahrt viel kosteneffizienter macht.

Der ehemalige Englisch-Lehrer Jack Ma gründete den Internet-Konzern Alibaba, über dessen System viele Millionen kleine und große Händler in China ihre Produkte effizient online anbieten, wovon auch Millionen und Milliarden von Kunden profitieren, die dadurch bequem Waren im Internet bestellen können.

Manche Startups widmen sich der Lösung medizinischer Probleme und leisten somit direkt einen Beitrag zur Gesundheit der Menschen. Ineffiziente Prozesse im medizinischen Bereich können durch den Einsatz moderner Technologie effizienter gemacht werden. Dadurch können z.B. bestimmte Untersuchungen und Behandlungen günstiger und somit einer breiteren Masse zugänglich gemacht werden. Durch die Verfügbarkeit von Smartphones mit entsprechend guten Kameras ist es Startups gelungen, Apps zu entwickeln, mit denen etwa einfache (Vorab-)Diagnosen, wie z.B. das Erkennen von Muttermalen, selbst durchgeführt werden können.

Manche Gründer setzen ihre Erfahrung und ihren Einfluss dafür ein, andere zum digitalen Wandel zu inspirieren. Ein bekanntes Beispiel ist Verena Pausder, die Gründerin von Fox & Sheep und den HABA Digitalwerkstätten. Sie engagiert sich auf vielerlei Ebenen und mit zahlreichen Initiativen und Publikationen mit dem Ziel, die Zukunft der Bildung zu gestalten.

Ein Unternehmen wird dadurch groß und erfolgreich, dass es für viele Menschen einen Nutzen, eine Verbesserung bringt. Durch technologische Innovationen, die durch Gründer für eine breite Masse praktisch und günstig nutzbar gemacht werden, geht der Fortschritt voran und das Leben der Menschen verbessert sich.

Darüber hinaus leisten Unternehmen auch einen gesellschaftlichen Beitrag, indem sie Menschen Arbeitsplätze geben und somit für deren Auskommen sorgen.

Eine eigene Richtung des Entrepreneurship hat sich ausdrücklich dem Lösen sozialer Probleme verschrieben, nämlich das sogenannte „Social Entrepreneurship“. Dabei steht nicht die Profit-Absicht im Vordergrund, sondern vielmehr die Lösung gesamtgesellschaftlicher Probleme, wie z.B. Bekämpfung von Armut, Intensivierung des Umweltschutzes oder Verbesserung der Bildung. Häufig werden Social Entrepreneurship Unternehmen als Non-Profit-Organisationen gegründet.

Auch wenn der Begriff des Social Entrepreneurship zwar relativ neu ist, gab es auch schon in der Vergangenheit Sozialunternehmer, die in diesem Sinne handelten.

So gehen die von Bodelschwinghschen Stiftungen Bethel, die sich für benachteiligte Menschen einsetzen und mit 20.000 Mitarbeitern eines der größten Sozialunternehmen Europas sind, auf das Jahr 1867 zurück.

Ein Pionier des Social Entrepreneurship ist der bengalische Wirtschaftswissenschaftler Muhammad Yunus, der für seine Ideen sogar mit dem Friedensnobelpreis ausgezeichnet wurde. Er gründete die Grameen Bank, die kleine Mikrokredite vergibt, um Menschen zu ermöglichen, sich einen Ausweg aus ihrer Armut zu erarbeiten.

Ein ebenfalls hervorzuhebendes Beispiel ist das Startup Auticon, das gezielt Menschen im Autismus-Spektrum als Berater für ganz spezielle IT-Aufgaben vermittelt, bei denen ein hohes Maß an Genauigkeit und Präzision erforderlich ist. Beide Seiten profitieren: Die Auftraggeber, indem sie kompetente wertvolle Arbeitskräfte vermittelt bekommen, die Berater, indem sie eine Aufgabe bekommen, in der sie ihre Stärken voll ausspielen können.

Die soziale Komponente kann auch auf anderem Wege verwirklicht werden, nämlich indem erfolgreiche Unternehmer ihren erworbenen Reichtum einsetzen, um gemeinnützige Zwecke zu verfolgen. Viele Unternehmer engagieren sich zum Teil medienwirksam, zum Teil auch ganz im Stillen, für das Gemeinwohl. Besonders bekannt ist die Kampagne „The Giving Pledge“, die von Microsoft-Gründer Bill Gates und Star-Investor Warren Buffett im Jahr 2010 ins Leben gerufen wurde. Dabei verpflichten sich Superreiche, einen Großteil ihres Vermögens zu spenden, um es für wohltätige Zwecke einzusetzen. Immer mehr Wohlhabende schließen sich der Initiative an und geben dieses Versprechen ab.

Sowohl Gründer als auch Helden absolvieren eine beschwerliche Reise. Die Belohnung, die sie am Ende der Reise erwartet, dient aber nicht nur ihrem eigenen Vorteil, sondern kommt auch anderen zugute. Das primäre Ziel des Gründers ist es nicht, seine eigene Lebenssituation zu verbessern, sondern etwas zu schaffen, das neuartig ist und Nutzen bietet. Davon profitieren letztendlich alle, er selbst und andere.

Die Heldenreise und die Unternehmensgründung weisen sehr viele Parallelen auf. Deshalb faszinieren uns die Gründergeschichten von heute genauso wie die Mythen der Antike. Aber diese Erkenntnis hat eine noch größere Tragweite, denn sie kann uns dabei helfen, unseren eigenen Lebensweg als Gründer anders zu begreifen und daraus zu lernen.

11. Immer neue Heldenreisen

Man kann die Heldenreise als Kreislauf verstehen. Sie beginnt in der normalen Welt, führt durch das Unbekannte und endet mit der Rückkehr in die normale Welt. Der Held verändert sich durch die Reise und wächst über sich hinaus. Er kehrt als neuer Mensch in die normale Welt zurück.

Als Mensch erlebt man im Laufe seines Lebens nicht nur eine einzige Heldenreise und lebt von da an in der normalen Welt, sondern die Heldenreise ist ein Zyklus, der immer wieder von vorne beginnen kann. Nachdem der Held in das normale Leben zurückgekehrt ist, kann es sein, dass ihn nach einer Weile erneut ein Ruf ereilt. Vielleicht gibt es eine noch größere Herausforderung, die auf ihn wartet. Vielleicht war die vorangegangene Heldenreise nur eine Vorbereitung für einen erneuten Aufbruch.

Bei Startups gibt es das Phänomen des sog. Seriengründers oder Serial Entrepreneurs. Häufig gründen Unternehmer im Laufe ihres Lebens mehrere Unternehmen. Sie gründen ein Unternehmen, bauen es auf, bis es eine gewisse Größe hat und verkaufen es dann. Mit dem Kapital aus dem Verkauf gründen sie dann das nächste Unternehmen. Anstelle sich mit dem verdienten Geld ein ruhiges Leben zu machen, zieht es die Gründer zu immer neuen Abenteuern.

Ein berühmtes Beispiel dafür ist Elon Musk. Im Jahr 1995 gründete er mit seinem Bruder das Startup Zip2, das er 1999 für 307 Millionen US-Dollar an Compaq verkaufte. Direkt im Anschluss gründete er den Online-Bezahldienst X.com, der später als PayPal für einen Milliardenbetrag an Ebay verkauft wurde. Dieses Kapital setzte er aufs Spiel und gründete damit SpaceX, um die Raumfahrt-Industrie zu revolutionieren. Gleichzeitig ist er dabei, mit Tesla die Auto- und Energiebranche umzukrempeln.

Der Beginn einer neuen Heldenreise nach einer erfolgreich absolvierten bedeutet ein erneutes Verlassen der Komfortzone und wieder einen Schritt ins Unbekannte. Sicherlich ist man dann schon routinierter und kann auf die bisherigen Erfahrungen zurückgreifen, aber trotzdem ist es immer wieder eine neue Herausforderung, an der man weiter wächst. Es kommt dabei durchaus vor, dass man sich als Gründer ganz anderen Themenfeldern widmet, als man es bisher getan hat, und sich ganz bewusst einer Herausforderung fernab der bisher erworbenen Erfahrungen widmet. Häufig werden grundlegende Innovationen nicht von den Experten einer Branche entwickelt, die sich schon seit Jahren und Jahrzehnten mit dem Thema beschäftigen, sondern sie kommen von außen von eigentlich branchenfremden Gründern oder Unternehmen, die einen neuen und frischen Blick auf die Dinge haben. So ist es beachtlich, dass beispielsweise das Smartphone nicht von einem Handy-Hersteller erfolgreich in den Markt eingeführt wurde, sondern von dem Computer-Hersteller Apple mit seinem iPhone im Jahr 2007. Dies führte letztendlich zu einer massiven Verschiebung der Kräfteverhältnisse auf dem Mobiltelefon-Markt.

Unabhängig davon, ob man immer weitere Unternehmen gründet, ist es wichtig, sich vor Augen zu führen, dass man nicht einfach in der normalen Welt, der Komfortzone, verharren sollte. Das Gefühl der Sicherheit, das man in der normalen Welt empfindet, ist nur eine Illusion. Denn dadurch, dass sich die Welt um einen herum verändert, kann das Verharren in Untätigkeit dazu führen, dass die Lebenssituation nicht nur gleichbleibt, sondern sich sogar verschlechtert. Die Heldenreise führt einem vor Augen, dass man immer flexibel und beweglich bleiben muss. Dies gilt sowohl für Gründer, die permanent Ausschau nach neuen Gelegenheiten halten müssen, als auch für Unternehmen als Ganzes. Es ist höchst riskant, sich auf den Erfolgen der Vergangenheit auszuruhen und deshalb Veränderungen zu scheuen.

Man muss immer bereit dazu sein, mutig den Sprung nach vorne in das Unbekannte zu wagen. Es gibt viele Beispiele für einst sehr erfolgreiche Unternehmen, die es nach großen Erfolgen in der Vergangenheit versäumt haben, Innovationen voranzubringen und deshalb gescheitert sind.

Ein sehr bekanntes Beispiel ist das finnische Unternehmen Nokia, das einst der größte Handy-Hersteller der Welt war. Mit der zuvor erwähnten Etablierung des Smartphones durch das iPhone von Apple konnte Nokia nicht mehr mit der Entwicklung Schritt halten und verlor sehr schnell seine Marktführerschaft. Im Wettbewerb hat dasjenige Unternehmen gewonnen, das bereit war, sich aus der normalen Welt in einen unbekannten Markt zu begeben. Dasjenige, das in seiner scheinbar sicheren normalen Welt verharrt ist, hat das Nachsehen gehabt.

Auch etablierte Unternehmen dürfen es sich nicht in der normalen Welt zu gemütlich machen und sich dem Trugschluss hingeben, sich ewig auf vergangenen Erfolgen ausruhen zu können. Große Erfolge können gefährlich sein, da sie eventuell die Wahrnehmung für die nächste Heldenreise blockieren können. Wenn z.B. ein Produkt aktuell gut und profitabel funktioniert, ist man eher dazu geneigt, sich darauf zu konzentrieren und Chancen für innovative Produkte, die natürlich ein gewisses Risiko bedeuten, zu ignorieren. Diese Ignoranz kann aber mit der Zeit sehr problematisch werden, wie schon viele Beispiele für disruptive Innovationen gezeigt haben.

Ungeachtet dessen, in welcher Situation man sich als einzelner Mensch oder auch als Unternehmen befindet, muss man immer bereit sein, den Ruf zur Heldenreise zu vernehmen, ihm zu folgen und sich auf ein neues Abenteuer einzulassen. Sich diese Bereitschaft und den Mut, neue Wege zu beschreiten, zu erhalten, ist sehr wichtig, um dauerhaft erfolgreich und erfüllt zu sein.

12. Als Held vorangehen

Als Held und als Gründer geht man mehr oder weniger allein voran und ist in manchen schwierigen Momenten tatsächlich einsam. Man ist dann unter Umständen ganz allein mit seinen Problemen und muss gravierende Entscheidungen treffen.

Aber sowohl als Held als auch als Gründer hat man Unterstützer und Gefährten, die einen zumindest zeitweise auf seiner Heldenreise begleiten. Auch wenn man als Held mit seinen Aufgaben wächst und mit jeder gemeisterten Prüfung besser wird, kann man nicht alle allein bewältigen. Man braucht Team-Mitglieder, die die eigenen Fähigkeiten ergänzen.

Auf der Heldenreise sind es die Gefährten, wie z.B. diejenigen von Frodo im „Herr der Ringe“. Der Hobbit Frodo trägt die Bürde, den magischen Ring zum Schicksalsberg zu bringen, damit er dort zerstört wird. Er wird von seinen Gefährten begleitet, die zum Teil über ganz außergewöhnliche Fähigkeiten verfügen. Unter anderem stehen Gandalf, der Zauberer, Legolas, der Elb, und Gimli, der Zwerg, Frodo tapfer zur Seite. Frodo, der kleine Hobbit, könnte bestimmte Herausforderungen gar nicht allein bestehen und ist auf die Unterstützung der anderen angewiesen, aber keiner will und kann ihm die Bürde des Ringes abnehmen. Es ist seine eigene Heldenreise, die er selbst gehen muss.

Genauso verhält es sich mit dem Gründer, der zu seiner Heldenreise aufbricht. Als Gründer sieht man sich mit so großen und vielfältigen Herausforderungen konfrontiert, dass es nahezu unmöglich ist, alle nötigen Fähigkeiten in einer Person zu vereinen. Man müsste gleichzeitig Verkäufer, Software-Entwickler, Rechtsanwalt, Buchhalter, Ingenieur, Redner usw. sein. Auch wenn es natürlich zum Teil sehr breitgefächerte Talente gibt, ist man als Gründer immer auf andere angewiesen.

Wenn man ein Unternehmen gründet, baut man um sich herum ein Team auf. Vielleicht gründet man das Unternehmen gemeinsam mit anderen Mitgründern. Allein schon innerhalb des Gründungsteams kann eine extreme Dynamik entstehen. Manche Gründer sind ausgeprägte Charakterköpfe, was zum Teil auch förderlich ist, um die nötige Willenskraft aufzubringen, die Gründung bzw. Heldenreise überhaupt anzugehen und entschlossen voranzutreiben. Dies birgt allerdings auch das Risiko eines Konflikts und viele Unternehmen sind schon deswegen gescheitert.

Von vielen solcher Konflikte hat man überhaupt nie etwas gehört, weil die Unternehmen, auch wenn sie an sich erfolgversprechend waren, sich aufgrund dieser

Auseinandersetzungen erst gar nicht entwickeln konnten und der potenzielle Erfolg im Keim erstickt wurde, so dass die Unternehmen nie bekannt wurden. Manche Streitigkeiten unter Gründern haben sogar Geschichte geschrieben. Auch wenn das Unternehmen letztendlich nicht gescheitert ist, so ist der Zwist der beiden Brüder Adolf und Rudolf Dassler doch als berühmter Gründerkonflikt in die Geschichtsbücher eingegangen. Sie gründeten 1924 gemeinsam die Gebrüder Dassler Schuhfabrik und machten sich mit ihren Sportschuhen schnell einen Namen. Nach dem zweiten Weltkrieg zerstritten sich die Brüder und gründeten jeweils ihr eigenes Sportartikel-Unternehmen, Adolf gründete Adidas und Rudolf Puma. Beide Unternehmen standen von da an, auch über die Lebzeiten der beiden Gründer hinaus, in einem ständigen Wettstreit um Kunden und Sponsoring-Verträge. Ob eine Zusammenarbeit der beiden Brüder einen noch größeren Erfolg bedeutet hätte, ist sehr schwer zu beurteilen, aber in jedem Fall ist viel Energie in die Austragung dieses Konflikts geflossen.

Solche Streitigkeiten sollten im Idealfall gar nicht erst aufkommen, damit man sich auf die eigentliche Arbeit konzentrieren kann. Die richtige Mischung macht ein gutes Gründerteam aus, in dem sich die Kompetenzen im Idealfall gut ergänzen. Ein besonders bekanntes Beispiel sind Steve Jobs und Steve Wozniak von Apple. Jobs war eher der Visionär und Geschäftsmann, während Wozniak als der geniale Tüftler beschrieben wird. Gemeinsam haben sie Großes vollbracht und die Basis für den phänomenalen Erfolg von Apple gelegt.

Neben diesem Kernteam sind natürlich auch die weiteren Mitarbeiter für ein Startup von entscheidender Bedeutung. Gerade in der Anfangsphase sind die Mitarbeiter für den Aufbau der Organisation und die Prägung der Unternehmenskultur extrem wichtig. Sie müssen sorgfältig ausgewählt und gut geführt werden. Schnelles Wachstum, wie es bei einem Startup oft das Ziel ist, bedeutet für das Team eine große Herausforderung und kann unter Umständen für den Team-Zusammenhalt eine große Belastungsprobe darstellen.

Neben den Gründern und Mitarbeitern sind auch die externen Partner entscheidend für den Erfolg eines Unternehmens. Gerade zu Beginn der Gründung, in der das Team noch relativ klein ist, ist das Unternehmen oft mit Herausforderungen konfrontiert, die nur mit externen Unterstützern zu bewältigen sind. Für Beratung in rechtlichen Fragen, die zum Teil sogar existenziell sein können, braucht man einen Rechtsanwalt. Zur Unterstützung beim Umgang mit dem Finanzamt braucht man etwa einen Steuerberater. Je nachdem, welche Kompetenzen im Team vorhanden sind oder auch fehlen, benötigt man noch externe Hilfe in vielen anderen Bereichen, wie z.B. Design, Software-Entwicklung, Marketing usw.

Diese Beispiele zeigen, dass man als Gründer kein Einzelkämpfer ist, auch wenn man vielleicht allein den Entschluss gefasst hat, sich auf die Heldenreise zu begeben. Es ist kaum möglich, alle Kompetenzen in einer Person zu vereinen und selbst wenn dem so wäre, so wäre es schon zeitlich unmöglich und auch nicht erstrebenswert, alle Aufgaben selbst zu übernehmen.

Als Unternehmer ist man immer ein Team-Player und es ist eine der essenziellsten Herausforderungen der Unternehmensgründung und -führung, ein gutes Team um sich aufzubauen und zu führen.

Um die Frage, wie man ein Team richtig aufbaut und leitet, ist eine ganze Industrie mit Beratern, Methoden, Konzepten und Büchern entstanden. Ein wesentlicher Teil der wirtschaftswissenschaftlichen Forschung befasst sich mit dem Thema Leadership. Es wird analysiert, wie Unternehmen heute geführt werden und es werden Techniken und Methoden entwickelt, wie man Mitarbeiter am besten führen kann. Die Art und Weise, was man darunter versteht und welche Führung als ideal angesehen wird, unterliegt auch bestimmten Trends und ändert sich mit dem jeweiligen Zeitgeist. In der Vergangenheit wurde häufig eine strenge Führungskultur gelebt, wie sie auch im Militär vorherrscht. Man erkennt dies auch an bestimmten Begriffen, die aus der Militärsprache entlehnt sind, wie z.B. die Mitarbeitergewinnung als Rekrutierung zu bezeichnen. Außerdem wurden zum Teil bestimmte militärtheoretische Werke, wie z.B. von Clausewitz „Vom Kriege“ oder das Jahrtausende alte „Die Kunst des Krieges“ von Sunzi als Grundlage für moderne Management-Methoden verwendet. Mit der Zeit entwickelten sich die Management-Methoden weiter, eine stärkere Einbeziehung der Mitarbeiter und ein weniger autoritärer Führungsstil erscheinen heute zeitgemäß und erfolgreicher.

Die Heldenreise als Grundmuster ist zeitlos und selbst über alle Kulturen hinweg universell gültig. Sie steht sozusagen über den konkreten Leadership-Methoden und gibt Gründern einen Leitfaden, an dem sie sich orientieren können.

Heldenreisen haben uns schon immer fasziniert. Wir lesen gerne Geschichten darüber, schauen Filme, die auf diesem Konzept basieren und empfinden Menschen, die die Heldenreise in ihrem eigenen Leben verwirklichen oder es zumindest versuchen, als interessant und attraktiv. Wer sich als Held auf die Reise begibt, indem er etwas Neues probiert, mutig aus der normalen Welt oder Komfortzone heraustritt und einer großen Idee und Vision folgt, dem folgen andere gerne. Als Held auf der Heldenreise hat man seinen Sinn gefunden und folgt seiner Bestimmung. Das ist etwas, was viele Menschen leider nicht erreichen und dementsprechend fasziniert es uns und weckt den Wunsch, ein Teil davon zu sein und daran mitwirken zu können.

Als Unternehmensgründer sollte man sich immer dessen bewusst sein, dass man sich auf der Heldenreise befindet. Man geht mutig voran, begibt sich in das Unbekannte, traut sich an Aufgaben heran, die anderen vielleicht bisher zu anstrengend, zu kompliziert oder riskant waren. Es ist auch selbstverständlich, dass auf dieser Heldenreise Herausforderungen und Schwierigkeiten warten, die das Vorankommen ins Stocken geraten lassen. Als Gründer (und auch als Held) verfügt man nicht über magische Kräfte, die die Probleme in Luft auflösen können, sondern man kämpft jeden Tag kleine und große Kämpfe und stellt sich mutig den Prüfungen.

Wenn es einem als Unternehmensgründer gelingt zu kommunizieren, dass man sich auf der Heldenreise befindet, kann man die Begeisterung mit anderen Menschen teilen und sie dazu motivieren, zumindest einen Teil der Heldenreise gemeinsam zu beschreiten. Gerade am Anfang hat man als Gründer noch nicht so viel Geld, um Mitarbeiter mit hohen Gehältern zu ködern oder Top-Berater mit hohen Honoraren für sich zu gewinnen. Man muss in der Lage sein, andere für seine Vision, aber auch für sich als Person, zu begeistern und dadurch zu motivieren. Wenn man als Gründer groß denkt und von seiner Vision überzeugt ist, die Welt verändern und verbessern zu können, dann wird es gelingen, dass andere einem dabei folgen wollen.

13. Der Blick auf Andere

Man ist als Gründer oder Gründungsinteressierter dazu geneigt, auf andere Gründer zu schauen. Es treibt einen die Neugierde an, weil man natürlich wissen möchte, was auf der Welt so passiert, welche anderen Geschäftsmodelle es gibt, welche Technologien im Moment aktuell sind und was gerade im Trend liegt. Die Startup-Medien sind voll von Geschichten von Gründern und Unternehmen. Als Gründer interessiert man sich für andere Gründer.

Das ist grundsätzlich positiv und sehr wichtig. Ebenso wie die Mythen und Sagen der Vergangenheit sind die Geschichten der Gründer, also der heutigen Heldenreise, sehr wertvoll. So wie in antiken Kulturen Mythen nicht nur der Unterhaltung dienten, sondern lehrreich sein sollten, so können wir heutzutage neben der allgegenwärtigen Ratgeber-Literatur den Blick auf die Geschichten wenden, ob real oder fiktional, um daraus zu lernen. Vielleicht standen die heute großen und weltberühmten Gründer damals am Anfang ihrer Gründung vor ähnlichen Prüfungen wie man selbst und man kann sich davon etwas abschauen. Auch wenn jede Heldenreise ganz individuell ist, gibt es bei den Gründungen immer auch bestimmte Muster, die sich ähneln.

Außerdem kann man sich von den Geschichten und Biografien erfolgreicher Gründer immer inspirieren lassen. Die Tatsache, dass auch sie am Anfang oft mit leeren Händen dastanden und häufig große Widerstände überwinden mussten, kann einen Gründer, der gerade am Anfang seiner eigenen Heldenreise steht, motivieren und anspornen, ebenfalls einen erfolgreichen Weg zu beschreiten.

Eine übermäßige Fokussierung auf Andere kann aber auch schädlich und ungesund sein. Wir leben in einer Zeit, in der der Vergleich mit Anderen eine sehr große Rolle spielt. Durch die vielfältigen und permanent verfügbaren Social-Media-Kanäle ist man dem Vergleich mit Anderen immer ausgesetzt. Jeder stellt sich dort in einem möglichst guten Licht dar und ist darauf bedacht, den Eindruck zu hinterlassen, ein perfektes Leben zu leben, selbst wenn die Realität oft ganz anders aussieht. Indem man zu sehr auf Andere schaut, könnte es dazu kommen, dass man eingeschüchtert ist und sich selbst gar nicht zutraut, zu seiner eigenen Heldenreise aufzubrechen. Wenn man den Eindruck hat, dass die erfolgreichen und weltberühmten Gründer über außergewöhnliche Fähigkeiten verfügen, die man selbst vielleicht nicht hat, dann kann dies sehr demotivierend wirken. Schlimmstenfalls könnte man sogar Neid entwickeln, indem man Anderen den (vermeintlichen) Erfolg nicht gönnt. Das ist für die eigene Heldenreise völlig kontraproduktiv.

Es ist einerseits sinnvoll, sich mit den Geschichten anderer Gründer zu beschäftigen, sich von ihnen inspirieren zu lassen und aus deren Erfahrungen zu lernen. Andererseits soll man Anderen den Erfolg nicht neiden, sondern konsequent seine eigenen Ziele verfolgen.

14. Perfektionismus

Die Heldenreise und auch die Geschichten der erfolgreichen Gründer lehren uns, dass längst nicht alles glatt läuft, weder bei den mythischen Abenteuern noch bei der Gründung eines Unternehmens. Man stellt sich zahllosen Prüfungen und geht immer wieder erneut das Risiko ein zu scheitern. Das gilt natürlich insbesondere für den initialen Aufbruch zur Heldenreise. Die Möglichkeit des Scheiterns ist ein ständiger Begleiter auf der gesamten Heldenreise.

Daher ist es sehr wichtig, sich von vornherein bewusst zu sein, dass man nicht alles richtig machen kann und dass man auch Momente der Frustration erleben wird. Man ist vielleicht durch die Erziehung oder durch den Bildungsweg dahingehend getrimmt, „bloß nichts falsch zu machen". In Prüfungen in der Schule oder an der Universität ist es stets das Ziel, möglichst wenig Fehler zu machen. Auch im technischen Bereich, etwa in der industriellen Produktion, gilt eine niedrige Fehlerquote als erstrebenswert. Manche Menschen bezeichnen sogar Perfektionismus als eine positive Charaktereigenschaft. Für eine Heldenreise und Unternehmensgründung ist dieser Perfektionismus nicht förderlich, sondern sogar eher hinderlich. Wenn man seine Heldenreise beginnt, begibt man sich ganz bewusst in das Unbekannte. Man verlässt die bekannte normale Welt, in der alles planbar und auch kontrollierbar scheint. Dort kennt man die Gesetzmäßigkeiten und Abläufe und wird in den seltensten Fällen mit Überraschungen konfrontiert. In der normalen Welt ist es leichter, keine Fehler zu machen.

Wenn man den Sprung ins Unbekannte gewagt hat und sich in einer bis dahin fremden Welt wiederfindet, muss man neue Ansätze ausprobieren und Fehler machen, um zu lernen.

Vor der Gründung ist es gar nicht möglich, alle Eventualitäten vorherzusehen und zu planen. Man kann sich zwar gut vorbereiten, sich einarbeiten und Business-Pläne schreiben, aber man kann nicht durch das Lesen unendlich vieler Startup-Bücher ein perfekter Gründer werden. Ebenso kann ein Produkt nicht von vornherein perfekt sein. Auch wenn das Produkt und die verwendete Technologie sehr wichtig sind, darf man sich als Gründer nicht daran festbeißen und viel zu lange daran entwickeln, um es perfekt zu machen. Der Gründer des weltweit erfolgreichen Business-Netzwerks LinkedIn, Reid Hoffman, hat einmal gesagt, dass man zu spät an den Markt gegangen ist, wenn man sich für die erste Version seines Produkts nicht schämt. Das bedeutet, wie auch Eric Ries in seinem Konzept „Lean Startup" formuliert, dass man sich von technischer Perfektion verabschieden sollte, um möglichst früh an den Markt zu gehen und das Feedback der Kunden einzuholen, um das Produkt iterativ zu verbessern.

Der Wunsch, sofort alles perfekt machen zu wollen, hält letztendlich davon ab, überhaupt zur Heldenreise aufzubrechen. Man muss sich darüber im Klaren sein, dass es Perfektion nicht gibt und dass man als Gründer und Held nicht perfekt sein kann, sondern dass es darum geht, sich ständig zu verbessern und entlang der Reise persönlich mit den Herausforderungen zu wachsen.

15. Gründer fördern

Schon eingangs haben wir erfahren, dass Unternehmensgründungen von vielen Seiten aus verschiedenen Gründen gewünscht werden. Es gibt immer mehr staatliche und privatwirtschaftliche Initiativen, die die Gründungsaktivität fördern wollen. Die Innovationskraft bestimmter Standorte soll gesteigert werden und etablierte Konzerne möchten ebenfalls durch Startups oder zumindest durch Teile der Startup-Kultur Innovationen hervorbringen und für sich nutzbar machen. Es gibt verschiedene Varianten solcher Gründerzentren und Programme, z.B. Inkubatoren, Acceleratoren oder auch Förderprogramme in Bildungseinrichtungen, im Kleinen wie im Großen. Manche Gründerzentren erreichen selbst Weltruhm, wie zum Beispiel der Y Combinator im Silicon Valley, aus dem schon viele berühmte Startups hervorgingen, wie z.B. Airbnb, Dropbox und viele andere.

Derartige Initiativen richten ihr Augenmerk zunächst einmal darauf, potenzielle Gründer für das Thema Unternehmensgründung zu sensibilisieren und dafür zu begeistern. Dies kann z.B. im Zuge von Veranstaltungen geschehen, in denen erfolgreiche Gründer als Gäste eingeladen werden, um von ihrem Werdegang zu berichten. Vorbilder sind ein ganz wesentlicher Teil der Inspiration.

Wenn angehende Gründer von den inspirierenden Heldenreisen anderer Gründer erfahren, sind sie selbst motiviert, ihre Heldenreise anzutreten.

Eine weitere Aufgabe dieser Zentren ist es, die Gründer in bestimmten für eine erfolgreiche Gründung relevanten Bereichen zu schulen und weiterzubilden. So werden Kurse für die Erstellung eines Business-Plans, bestimmte Software-Entwicklungs-Methoden oder auch Präsentationstechniken zum Pitch vor Investoren angeboten.

Wenn es dann schließlich zur tatsächlichen Gründung kommt, werden die Gründer professionell begleitet. Sie bekommen oft ein kleines Büro im Gebäude des Gründerzentrums, wo sie sich mit anderen aufstrebenden Gründern austauschen können. Sie werden kontinuierlich beraten und bekommen Zugang zu einem Netzwerk aus Unterstützern. Nach einer gewissen Zeit (oft 3-6 Monate) müssen die Gründer sich ein eigenes Büro suchen und selbst auf eigenen Beinen stehen.

Um Gründer richtig und fundiert unterstützen zu können, kann man sich die Heldenreise zunutze machen, indem man den gesamten Gründungsprozess als Heldenreise versteht, um dementsprechend bei den einzelnen Phasen Unterstützung anzubieten.

Eine wesentliche Erkenntnis ist, dass man niemanden zum Gründen überreden oder ihn durch äußere Anreize manipulieren sollte. Wenn man sich als Gründer auf die Heldenreise begibt, folgt man einem inneren, tief verwurzelten Wunsch. Vielleicht gibt es ein Thema, das einen sehr interessiert oder es gibt ein Problem, das einen persönlich so sehr berührt, dass man sich einfach aufmachen will, um es zu lösen. Ein Gründerzentrum kann nicht von außen irgendwelche Anreize schaffen, um Menschen zum Gründen zu bewegen, sondern sollte sich vielmehr darauf konzentrieren, vorhandene Interessen und Wünsche aufzudecken.

Wenn die Gründer einen Ruf verspüren, kann es zu einer anfänglichen Weigerung kommen, weil man die Sorge hat, der Aufgabe nicht gewachsen zu sein. Als Förderer sollte man die Gründer ermutigen, sich ihrer Heldenreise zu stellen, und ihnen aufzeigen, dass sie die nötigen Fähigkeiten bereits haben oder erwerben können.

Eine wesentliche Aufgabe eines Gründerzentrums ist die Verknüpfung mit passenden und kompetenten Mentoren. Der Aufbau und die Pflege eines entsprechenden Netzwerkes sind von entscheidender Bedeutung. Wenn die Gründer an den entsprechenden Stationen ihrer Heldenreise ankommen, können die richtigen Mentoren sehr förderlich sein. Um die Gründung des Unternehmens z.B. rechtlich fundiert durchführen zu können, ist ein Notar oder Rechtsanwalt sehr hilfreich. Wenn das

Unternehmen weiter wächst und sich der erste Kapitalbedarf abzeichnet, ist der Zugang zu interessierten Investoren sehr wichtig.

Die Mitarbeiter eines Gründungszentrums übernehmen selbst auch eine gewisse Mentoren-Rolle. Sie verfügen häufig über eigene Gründererfahrung und können diese dann an die angehenden Gründer weitergeben. Auch der Austausch der einzelnen Gründerteams ist von großer Bedeutung, da man, auch wenn alle in einer ähnlichen Phase der Gründung sind, durch die unterschiedlichen Fachbereiche sehr voneinander profitieren kann.

Grundsätzlich muss man bei der Unterstützung von Gründern verstehen, dass die Gründer ihren eigenen Weg, ihre eigene Heldenreise, beschreiten müssen. Auch wenn man als Gründerzentrum gute Grundlagen und fundierte Wissensvermittlung anbieten kann, müssen die Gründer ihre eigenen Erfahrungen machen. Außerdem muss die Motivation zur Gründung vom Gründer selbst kommen.

Als Gründerzentrum geht es darum, eine passive Rolle einzunehmen, die Gründer zu unterstützen und zu fördern, die Gründer selbst müssen den aktiven Part übernehmen.

16. Ein guter Gründer werden

Für Gründer ist es hilfreich, sich bewusst vor Augen zu führen, dass sie sich bei der Gründung auf einer Heldenreise befinden.

Zunächst einmal kann man, so wie aus den Mythen und Sagen der Vergangenheit, genauso aus den Heldenreisen von heute, nämlich den Geschichten erfolgreicher Gründer, sehr viel lernen. Ob es sich dabei um Fiktion oder Realität handelt, spielt für die Inspiration, die man daraus ziehen kann, keine Rolle. Wenn man als angehender Gründer die Gründungsgeschichten vieler anderer Gründer aufmerksam studiert, kann man wertvolle Erkenntnisse gewinnen.

Ganz am Anfang der Heldenreise muss man sich als Gründer vor Augen führen, dass man sich in einer normalen Welt befindet. Man ist in einer Komfortzone, man kennt dort die Umgebung und die Gegebenheiten. Große Überraschungen werden einem in der Regel nicht widerfahren, das Leben ist in gewissem Rahmen vorhersehbar. Das kann z.B. ein sicher geglaubter Job oder ein geplanter Karriereweg sein. Wichtig ist zu realisieren, dass es auch alternative Lebenswege gibt, die vielleicht mehr Erfüllung bieten können.

Sobald einem das klar ist, kann man seine Wahrnehmung für den Ruf sensibilisieren. Es geht dabei nicht darum, sich einfach irgendetwas auszudenken und wohlmöglich noch aufzuzwingen, was man eigentlich gar nicht möchte, sondern vielmehr muss man in sein Innerstes hören. Was liegt mir? Was begeistert mich wirklich? Wofür brenne ich? Die Antworten auf diese Fragen sind nicht immer offensichtlich. Manchmal braucht man dafür Ruhe und etwas Abstand von der Alltagshektik. Man muss sich genügend Zeit dafür nehmen und es gibt keinen bestimmten Zeitpunkt im Leben, an dem man den Ruf spätestens vernommen haben muss. Es ist auch nicht so, dass man einfach tatenlos wartet, bis einen irgendwann der Ruf ereilt. Vieles offenbart sich entlang des Weges, man muss vielleicht einige Ideen einfach mal ausprobieren, bis man das Richtige gefunden hat. Dass man den Ruf erkennt, merkt man daran, dass man begeistert ist und für etwas brennt. Man muss sich nicht selbst disziplinieren und dazu zwingen, an einer Sache zu arbeiten, sondern man wird regelrecht „magisch" angezogen und verspürt Begeisterung bei dem, was man tut. Dadurch wird man in die Lage versetzt, Außergewöhnliches zu leisten, man kann etwas erfinden, entwickeln und herstellen, das vielen Menschen zugutekommen kann.

Wenn man diesen Ruf vernommen hat und die Begeisterung spürt, werden sich schnell die inneren Kritiker im Kopf melden: „Du kannst das sowieso nicht!“, „Du bist nicht gut genug, um das zu schaffen!“, „Der Sprung ins Unbekannte ist ein viel zu großes Risiko!“ usw. Man wird Gründe suchen und sicherlich auch schnell finden, die einen davon abhalten, dem Ruf zu folgen und man wird sich selbst überzeugen, dass es besser ist, in der behüteten und kalkulierbaren normalen Welt zu bleiben. In solch einer Situation kann einem das Konzept der Heldenreise dabei helfen, seine anfängliche Angst und sein mangelndes Selbstvertrauen zu überwinden. Schon so viele Menschen vor einem sind zu ihrer eigenen Heldenreise aufgebrochen und waren in der Lage, sie zu meistern. Das Vertrauen darauf, dass es gelingen wird, zahlt sich aus, man wird als Mensch an dem Sprung ins Ungewisse und an den zu erwartenden Prüfungen in jedem Fall wachsen.

Wenn man die anfängliche Weigerung überwunden hat, wird man auf seiner Heldenreise auch Mentoren begegnen, ganz gleich, ob man sie bewusst sucht oder einfach von ihnen gefunden wird. Als Gründer ist es sehr wichtig, die richtigen Mentoren zu erkennen und auf ihren Rat zu hören.

Mit der Gründung des Unternehmens beginnt dann die eigentliche Heldenreise, die viele große und kleine Prüfungen bereithält. Als Gründer wächst man an jeder einzelnen dieser Prüfungen. Dabei muss man sich auch in schwierigen Momenten vor Augen führen, dass es immer weiter geht und dass man jede Herausforderung meistern kann.

Dies gilt besonders in Momenten einer schweren Niederlage, also schlimmstenfalls der Unternehmensinsolvenz. Als Gründer muss man sich immer im Klarem darüber sein, dass es dazu kommen kann, auch wenn natürlich niemand anstrebt, in eine derartige Lage zu geraten. Solche Situationen werden vom Gründer in der Regel als Katastrophe empfunden. Man ist voller Optimismus zu der Unternehmensgründung bzw. Heldenreise aufgebrochen und hat unter Umständen viele Jahre harte Arbeit investiert. Nun zu realisieren, dass die Gründung gescheitert ist, ist eine bittere Erkenntnis. Vielleicht will man es zuerst gar nicht wahrhaben und stürzt in eine tiefe persönliche Krise. Es gibt sogar Fälle von Selbstmord als Folge eines gescheiterten Unternehmens.

Wenn man weiß, dass man sich als Gründer auf der Heldenreise befindet und wenn man die Geschichten vieler erfolgreicher Gründer studiert hat, kann dies einem dabei helfen, das Scheitern nicht als endgültig wahrzunehmen, sondern als Wendepunkt, um als neuer Mensch mit neuen Erkenntnissen, neuem Wissen und neuen Erfahrungen wiedergeboren zu werden!

Man ist schnell geneigt, bei all den erfolgreichen Gründergeschichten nur die schönen Seiten zu sehen. Dabei darf man aber nie vergessen, dass viele Gründungsideen erst gar nicht umgesetzt werden und viele Gründungsvorhaben auch scheitern. Es ist klar, dass Gründer während ihrer gesamten Heldenreise mit negativen Gefühlen, wie Angst und Selbstzweifeln, konfrontiert sind. Am Anfang hat man die Angst, die normale Welt zu verlassen und sich ins Unbekannte zu stürzen. Man muss vielleicht etwas aufgeben, das einem viel bedeutet. Gleichzeitig ist der Erfolg einer Gründung ungewiss und immer mit einem Risiko verbunden. Vielleicht zweifelt man an den eigenen Fähigkeiten, die Herausforderung überhaupt meistern zu können.

Als Gründer hilft die Heldenreise einem, die eigene Gründungsgeschichte in einem viel größeren Kontext zu sehen. Durch die eigenen Augen gesehen erscheinen einem auch kleine Rückschläge wie riesengroße Katastrophen. Wenn man sich bewusst macht, dass man sich auf der Heldenreise befindet, dass man den Mut aufgebracht hat, sich ins Unbekannte zu wagen und dass man seinem Ruf folgt, dann wird man erkennen, dass die Prüfungen, die auf einen warten, gar nicht so furchteinflößend sind und man an jeder einzelnen Herausforderung, wie an der Heldenreise als Ganzem, wachsen wird.

17. Muss jeder ein Held sein?

Wir sehen, dass es viele Parallelen zwischen den mythischen Heldensagen und den realen Geschichten der modernen Gründer gibt. Was bedeutet das?

Zunächst einmal erklärt es die Faszination, die Gründer auf uns ausüben. So wie in vielen Hollywood-Filmen erkennen wir darin ein uns vertrautes und attraktives Muster. Wir interessieren uns dafür und können uns damit identifizieren.

In den Phasen der Unternehmensgründung findet sich die Heldenreise wieder, die für uns ein tiefverwurzeltes psychologisches Muster darstellt. Die Existenz all dieser Mythen und Sagen, die sich durch die Jahrtausende hindurchzieht, unterstreicht die Relevanz und vor allem auch die Universalität dieser Idee. Egal, wo und zu welcher Zeit ein Mensch gelebt hat und lebt, treibt ihn die Heldenreise an.

In den Mythen und auch in religiösen Texten ist die Heldenreise metaphorisch verpackt. Letztendlich kommt darin der Weg des menschlichen Lebens zum Ausdruck. Man wächst in seiner bekannten und vertrauten Umgebung auf, muss sich davon in irgendeiner Art und Weise lösen, um den Sprung ins Unbekannte zu wagen. Man stellt sich Herausforderungen, wächst daran, überwindet dabei auch eigene Zweifel und Ängste und wächst schließlich über sich hinaus. Dadurch ist man in der Lage, etwas zu erreichen, das einen selbst und die Gemeinschaft weiterbringt.

Die Helden und Gründer gehen auf eine besondere Reise und vollbringen zum Teil Außergewöhnliches. Nun stellt sich natürlich die Frage, ob JEDER ein Held sein kann und ob dies überhaupt erstrebenswert ist? Gibt es überhaupt genügend Pfade, die beschritten werden können, genügend Ungeheuer, die besiegt werden müssen? Die Antwort lautet: Ja!

Denn die Heldenreise steht auch metaphorisch für die Reise zu sich selbst. Man hat zunächst Angst, sich auf den Weg zu machen und sich den unbekannten Herausforderungen zu stellen, um dann letztendlich doch zu erkennen, dass man dieser Aufgabe gewachsen ist und eigentlich alle dazu nötigen Fähigkeiten die ganze Zeit in sich getragen hat.

Das Wichtige ist, dass Helden nicht von vornherein etwas Besonderes sind, sondern durch die Heldenreise erst dazu werden. Jeder hat das Potential, ein Held zu sein, und auf jeden wartet eine ganz persönliche und individuelle Heldenreise.

Da es heutzutage keine Drachen, magischen Wälder oder Heiligen Grale mehr gibt, muss man sich andere Gebiete für die Heldenreise suchen. Die Heldenreise ist ein Grundmuster des menschlichen Lebens und betrifft alle Menschen gleichermaßen, unabhängig von Herkunft, Geschlecht, Fähigkeiten oder sonstigen Eigenschaften. Jeder Mensch steht vor der Aufgabe, seinen Ruf zu vernehmen und seiner Heldenreise zu folgen. Was diese Heldenreise konkret bedeutet, kann sehr unterschiedlich sein und ist für jeden höchst individuell, aber auf jeden wartet eine solche Heldenreise. Zum einen ist dies erstrebenswert, da man dadurch seine Erfüllung findet und sich weiterentwickelt. Es ist hoch motivierend festzustellen, dass man durch einen Sprung ins Ungewisse Fähigkeiten an sich entdeckt und weiterentwickelt, die man vorher noch gar nicht gekannt hat, wodurch man letztendlich Erfüllung und Glück findet.

Zum anderen ist es auch gesellschaftlich erstrebenswert, dass möglichst viele Menschen sich auf ihre Heldenreise begeben. Wenn Menschen ihr Potential nutzen und dadurch Dinge vollbringen können, die wiederum allen zugutekommen, erhöht dies den Wohlstand aller.

Eine Essenz der Heldenreise ist, dass man seine Fähigkeiten entdecken und darauf vertrauen soll. Die Heldenreise nicht anzutreten, wäre eine Vergeudung seines Talents. Sogar in der Bibel findet sich dieser Gedanke im Gleichnis der Talente. Ursprünglich handelte es sich bei dem Begriff „Talent“ um eine Gewichtseinheit, die unter anderem für das Abwiegen von Silber verwendet wurde. Durch dieses Gleichnis hat das Wort auch die Bedeutung für Fähigkeiten und Begabungen bekommen.

Es findet sich im Evangelium nach Matthäus (25,14-30) (Quelle: www.offene-bibel.de - Lizenz: CC BY-SA 3.0 (http://t1p.de/ccbysa)): *„Denn es ist wie bei einem Menschen, der außer Landes reiste; Er rief seine eigenen Knechte und übergab ihnen seine Habe. Und dem einen gab er fünf Talente, dem anderen zwei, einem anderen eines, jedem nach seinen eigenen Fähigkeiten, und reiste bald darauf ab. Der aber fünf Talente bekam, ging hin und gewann weitere fünf, indem er mit denselben Geschäfte machte. Auf dieselbe Weise (handelte) der, welcher zwei Talente (bekommen hatte), er gewann weitere zwei. Aber der, der das Eine bekommen hatte, (ging hin) vergrub (es) in die Erde und verbarg das Geld seines Herrn. Aber nach einer langen Zeit kommt der Herr jener Knechte und rechnete (die Angelegenheit) mit ihnen ab. Und es trat herbei, der die fünf Talente bekommen hatte, brachte weitere fünf Talente und sagte: Herr, fünf Talente hast du mir übergeben, siehe weitere fünf Talente habe ich gewonnen. Sein Herr sprach zu ihm: Recht so, du guter und treuer Knecht! Über weniges warst du treu, über vieles werde ich dich setzen. Gehe hinein in die Freude deines Herrn!*

Aber es trat auch herzu der, der die zwei Talente (bekam) und er sprach: Herr, zwei Talente hast du mir übergeben, siehe weitere zwei Talente habe ich gewonnen. Sein Herr sprach zu ihm: Recht so, du guter und treuer Knecht! Über weniges warst du treu, über vieles werde ich dich setzen. Geh hinein in die Freude deines Herrn! Aber es trat auch herzu der, der das eine Talent bekommen hatte und sprach: Herr, ich kenne dich: Du bist ein harter Mensch, denn du erntest, wo du nicht gesät hast und sammelst, wo du nicht ausgestreut hast. und weil ich mich fürchtete, darum ging ich hin und verbarg dein Talent in der Erde. Siehe da hast du das deine (wieder). Aber sein Herr antwortete ihm: Du schlechter und fauler Knecht! Du wusstest, dass ich ernte wo ich nicht gesät habe und sammle wo ich nicht ausgestreut habe? Also hättest du mein Geld den Wechslern geben sollen und wenn ich wieder gekommen wäre hätte ich das meine mit Zinsen erhalten. Also, nehmt ihm das Talent weg und gebt es dem, der die zehn Talente hat, denn jedem, der da viel hat, wird gegeben werden, und er wird im Überfluss haben. Aber von dem, der nicht hat, dem wird auch das, was er hat, weggenommen werden. Und den unnützen Knecht werft in die äußerste Finsternis. Dort wird das Weinen und das Zähneklappern sein.“

Man kann dieses Gleichnis dahingehend interpretieren, dass man seine Talente, also seine Begabungen und Fähigkeiten, nicht verschwenden darf, indem man sie ungenutzt lässt. Die beiden Diener, die die ihnen anvertrauten Talente nutzen und sogar mehr daraus machen, als sie vorher hatten, werden für ihren Mut und ihre Tatkraft belohnt. Der Diener, der Angst hatte und deshalb lieber gar nichts mit den ihm anvertrauten Talenten gemacht hat, wird für seine Angst bestraft. Seine Talente nicht zu nutzen, kann in diesem Sinne als eine Sünde aufgefasst werden.

Eine Unternehmensgründung bietet einem die Chance, seine ganz persönliche Heldenreise zu erleben, seine Talente und Fähigkeiten zu entdecken und zu nutzen. Dafür muss man zunächst ganz einfach seine Sinne für die Wahrnehmung des Rufes schärfen. Vielleicht hat man es sich in der normalen Welt schon viel zu bequem gemacht und ist gar nicht mehr in der Lage, diesen Ruf zu vernehmen. Vielleicht hat man vor langer Zeit schon einen Ruf vernommen, dem zu folgen man sich aber nicht getraut hat. Vielleicht glaubt man nicht an seine Fähigkeiten und hat Angst davor zu scheitern.

Um zu wachsen und über sich hinauszuwachsen, muss man den ersten Schritt zur Heldenreise gehen. Die beschriebenen Gründer haben alle Großartiges geleistet und es geht nicht darum, andere zu kopieren. Es soll nur dazu inspirieren, dass jeder das im Prinzip erreichen kann. Nicht für jeden bedeutet die Heldenreise zwangsläufig, ein Unternehmen zu gründen, aber grundsätzlich gilt: Jeder kann ein Held sein und sollte es versuchen, einer zu werden!

Persönliche Schlussworte

Für mich war das Schreiben dieses Buches auch eine Heldenreise. Ich habe einen Ruf verspürt, als ich etwas über Joseph Campbells Konzept der Heldenreise erfahren habe und mir die Idee kam, dieses Prinzip auf Unternehmensgründungen zu übertragen, die mich so sehr faszinieren.

Von der ersten Idee bis hin zum Niederschreiben des ersten Wortes ist viel Zeit vergangen. Ist die Idee wirklich inspirierend? Ich habe noch nie ein Buch geschrieben, kann ich gut genug schreiben? Wird sich überhaupt jemand dafür interessieren? Soll ich mich wirklich trauen, ein Buch zu schreiben? Ich habe lange dafür gebraucht, diese anfängliche Weigerung und diese Bedenken aus dem Weg zu räumen.

Nach langem Nachdenken und Grübeln habe ich mich schließlich auf die Heldenreise begeben und mit dem Schreiben angefangen. Das war schon ein Sprung ins Unbekannte, ich musste mich erst einmal mit dem Prozess des Schreibens vertraut machen.

Manchmal ging es leicht von der Hand, an anderen Stellen wieder schwerer, wie kleine Prüfungen, die ich bestehen musste. Beim Schreiben habe ich eine interessante Erfahrung gemacht. Während es am Anfang noch eher mühsam war und ich mich zum regelmäßigen Schreiben disziplinieren musste, zog es mich nach einiger Zeit regelrecht magisch dahin, an dem Manuskript weiterzuarbeiten und ich bekam große Freude daran. Schließlich war das Manuskript zu Ende geschrieben und überarbeitet, so dass ich mit dem fertigen Buch in der Hand in die normale Welt zurückgekehrt bin. Dabei habe ich viel gelernt über das Schreiben, aber auch das Strukturieren von Gedanken.

Ob es mir gelungen ist, mit dieser Idee einen „Segen für die Welt" im Sinne der Heldenreise zu schaffen, von dem andere profitieren können, wird sich zeigen. Ich habe dieses Buch geschrieben, weil ich den Ruf dazu verspürt habe und ich ihm gefolgt bin.

Es würde mich sehr freuen, wenn ich mit meinem Buch Menschen inspirieren kann, ein Unternehmen zu gründen. Es ist sicherlich nicht das Allheilmittel für alle individuellen und gesellschaftlichen Probleme, die es gibt. Aber es gibt bestimmt viele Menschen, die darin ihre Erfüllung finden und deshalb glücklicher, zufriedener und erfolgreicher sind. Dadurch können sie letztendlich auch einen größeren Beitrag zum Gemeinwohl leisten, indem sie etwas erfinden, vermarkten, verbessern, was anderen Menschen zugutekommt. Ich finde meine persönliche Erfüllung in der Unternehmensgründung und ich freue mich über jeden, den ich ebenfalls dafür begeistern kann. Nicht jeder muss ein Unternehmen gründen. Aber jeder sollte zumindest einmal darüber nachgedacht und in sich gehorcht haben, ob man den Ruf zur Unternehmensgründung verspürt.

Die Unternehmensgründung ist ein Abenteuer, eine Heldenreise, die nicht immer geradlinig verläuft. Man macht sich die Hände schmutzig und muss viele Niederlagen einstecken. Aber das Ziel der Reise macht das alles wett. Nicht Geld, Ruhm oder Anerkennung sind das Ziel, sondern die Reise zu einem besseren Ich. Strenggenommen geht es noch nicht einmal darum, neue Fähigkeiten zu erwerben, die man zuvor nicht hatte, sondern einfach die Fähigkeiten, die in einem schlummern, zu entdecken. Der weltberühmte Bildhauer der Renaissance, Michelangelo, fasste diesen Gedanken einmal treffend zusammen:

„Jeder Steinblock hat eine Statue in sich und es ist die Aufgabe des Bildhauers, sie zu entdecken."
Michelangelo

Man beginnt die Heldenreise quasi als Steinblock mit vielen Ängsten und Problemen. Durch die Herausforderungen und Prüfungen wird immer mehr das wahre Ich freigelegt, die Statue.

Bei der Heldenreise geht es nicht darum, wo man ankommt, sondern als wer man ankommt. Ich bin davon überzeugt, dass dieser Gedanke der Heldenreise durch die Unternehmensgründung in der heutigen Zeit verwirklicht werden kann. Ich möchte jeden dazu inspirieren, sich auf seine eigene Heldenreise zu begeben.

Vielleicht hast du gerade, jetzt genau in diesem Moment, deinen Ruf vernommen!

Bibliografie

Berg, Christian (2016): *Heinz Nixdorf - eine Biographie*, Paderborn: Ferdinand Schöningh.

Becraft, Michael (2014): *Bill Gates - A Biography*, Santa Barbara: Greenwood Publishing Group.

Branson, Richard (2018): *Losing my virginity - die Autobiografie,* München: FBV.

Campbell, Joseph (2008): The Hero with a Thousand Faces, 3.Auflage, San Francisco: New World Library.

Charles-Roux, Edmonde (2005): *Coco Chanel - ein Leben*, Frankfurt am Main: Fischer.

Christensen, Clayton M. (1997): *The innovator's dilemma: when new technologies cause great firms to fail*, Boston: Harvard Business School Press.

Fürweger, Wolfgang (2011): *Die Red-Bull-Story : der unglaubliche Erfolg des Dietrich Mateschitz*, Innsbruck: Haymon.

Homer (2015): *Odyssee / Homer. In der Übertr. von Johann Heinrich Voß*, Köln: Anaconda.

Isaacson, Walter (2011): *Steve Jobs*, New York: Simon and Schuster.

Jung, Carl Gustav (2018): *Archetypen : Urbilder und Wirkkräfte des kollektiven Unbewussten*, Ostfildern: Patmos Verlag.

Katz, Gabriele (2015): *Margarete Steiff : die Biografie*, Karlsruhe: Der Kleine Buch-Verlag.

Keese, Christoph (2016): *Silicon Valley - was aus dem mächtigsten Tal der Welt auf uns zukommt,* München: Penguin Verlag.

Papadopoulos, Renos (2006): *The Handbook of Jungian Psychology: Theory, Practice and Applications*, Abingdon: Routledge.

Pausder, Verena (2020): *Das Neue Land - Wie es jetzt weitergeht,* Hamburg: Murmann Publishers.

Reitberger, Reinhold (2002): *Walt Disney. Mit Selbstzeugnissen und Bilddokumenten dargestellt,* 5. Auflage, Hamburg: Rowohlt.

Ries, Eric (2014): *Lean Startup : schnell, risikolos und erfolgreich Unternehmen,* München: Redline.

Roosevelt, Theodore (2014): *Citizenship in a Republic – delivered at Sorbonne in Paris 23rd of April 1910*, Scotts Valley: CreateSpace Independent Publishing Platform.

Senor, Dan; Singer, Saul (2012): *Start-up Nation Israel: was wir vom innovativsten Land der Welt lernen können*, München: Hanser.

Smit, Barbara (2017): *Drei Streifen gegen Puma : wie aus einem Bruderzwist zwei Weltkonzerne entstanden*, München: riva.

Spiegel, Peter (2006): *Muhammad Yunus - Banker der Armen : der Friedensnobelpreisträger ; sein Leben, seine Vision, seine Wirkung*, Freiburg im Breisgau: Herder.

Sunzi (2019): *Die Kunst des Krieges / Sunzi ; aus dem Chinesischen übertragen von Dr. Hannelore Eisenhofer nach der Ausgabe mit elf Kommentaren*, Hamburg: Nikol Verlag.

Thelen, Frank (2018): *Frank Thelen - die Autobiografie : Startup-DNA - hinfallen, aufstehen, die Welt verändern*, Hamburg: Murmann Publishers.

Vance, Ashlee (2015): *Elon Musk : Tesla, PayPal, SpaceX - wie Elon Musk die Welt verändert ; die Biografie*, München: FBV.

Vogler, Christopher (2007): *The Writer's Journey: Mythic Structure for Writers*, 3. Auflage, Seattle: Michael Wiese Productions.

Printed in Poland
by Amazon Fulfillment
Poland Sp. z o.o., Wrocław

71563347R00073